智能交互设计与数字媒体类专业丛书

AR / VR 应用设计与开发

王 楠　李学明　编著

北京邮电大学出版社
www.buptpress.com

内 容 简 介

近年来,虚拟现实(包括 AR、VR、MR)已经逐渐成为数字化浪潮中的主流技术,随着元宇宙概念与产业的兴起,虚拟现实更是迅速聚焦了人们更多的目光。本书与时俱进地对 AR、VR 应用的设计与开发进行了介绍与讲解,其中也少量涉及 MR 应用。

本书分为三篇,共 14 章,主要包括以下内容:虚拟现实技术、行业概述;Unity 软件的基本用法;Unity C♯编程开发详解;AR 技术原理与设计技巧;基于 Vuforia SDK 的 AR 应用开发、AR 交互应用开发实例;面向 HoloLens2 的 MR 开发基础、开发实践;VR 技术原理与设计技巧;面向 HTC Vive 的 VR 开发基础、开发进阶;VR 中的 UI 设计与创建;VR 综合项目开发实例。本书讲解详细、循序渐进,既介绍了技术原理、设计方法等理论知识,也展示了软件操作、脚本编程等实践步骤。

本书的一大特色在于融入了 AR、VR 应用的设计教学,在一定程度上弥补了市场现有教材中的不足。通过本书的学习,读者能够全面了解 AR、VR 应用开发的技术理论、设计方法,并通过实践操作快速掌握使用 Unity 进行 AR、VR 应用开发的具体细节。

图书在版编目(CIP)数据

AR/VR 应用设计与开发 / 王楠,李学明编著. -- 北京:北京邮电大学出版社,2023.6
ISBN 978-7-5635-6915-1

Ⅰ.①A… Ⅱ.①王… ②李… Ⅲ.①虚拟现实 Ⅳ.①TP391.98

中国国家版本馆 CIP 数据核字(2023)第 079409 号

策划编辑:姚 顺 刘纳新 责任编辑:满志文 责任校对:张会良 封面设计:七星博纳

出版发行:北京邮电大学出版社
社　　址:北京市海淀区西土城路 10 号
邮政编码:100876
发 行 部:电话:010-62282185 传真:010-62283578
E-mail:publish@bupt.edu.cn
经　　销:各地新华书店
印　　刷:北京虎彩文化传播有限公司
开　　本:787 mm×1 092 mm 1/16
印　　张:14.75
字　　数:367 千字
版　　次:2023 年 6 月第 1 版
印　　次:2023 年 6 月第 1 次印刷

ISBN 978-7-5635-6915-1 定　价:45.00 元

前　　言

VR(Virtual Reality,虚拟现实)技术构想起源于1965年,实现于1989年。2014年,VR产业再度兴起,一时间VR逐渐走入公众视野。狭义VR又称"灵境",它提供了以计算机等高科技设备为核心的沉浸式虚拟环境(Virtual Environment,VE),用户借助必要设备就能与虚拟环境内其他对象进行交互,从而给人身临其境之感。广义的虚拟现实,既包括狭义VR,亦包括AR(Augmented Reality,增强现实)和MR(Mixed Reality,混合现实)。AR技术将计算机生成的虚拟信息与真实世界巧妙融合。MR是指结合真实和虚拟世界创造了新的环境和可视化三维世界,物理实体和数字对象共存并能实时交互。当下也有把AR、VR、MR统称为"XR"的说法。相对而言,MR技术还处于较为初期的发展阶段,目前更加普及流行的是VR和AR应用。

虚拟现实产业的复兴催生出大量AR、VR应用,MR应用也逐渐增多。大量的公司和创业团队陆续进入虚拟现实领域,AR/VR开发人才的需求量与日俱增。随着"元宇宙"概念和产业的兴起,作为其中核心技术的虚拟现实也更加备受瞩目。近年来,我国高度重视虚拟现实技术的发展,并在国家层面积极规划、重点布局,工信部、科技部、文旅部等部门陆续出台相关政策。2018年,教育部明确将虚拟现实技术列入教育信息化的年度重点工作任务。2019年,教育部新增设了虚拟现实技术本科专业。2022年,工信部、教育部、文旅部等五部门联合印发了《虚拟现实与行业应用融合发展行动计划(2022—2026年)》,并指出"虚拟现实(含增强现实、混合现实)是新一代信息技术的重要前沿方向,是数字经济的重大前瞻领域,将深刻改变人类的生产生活方式,产业发展战略窗口期已然形成"。习近平总书记在党的二十大报告中进一步强调,要实现高水平科技自立自强,完善科技创新体系,加快实施创新驱动发展战略。因此,在高校开设AR/VR应用开发课程、出版专业教材,既贯彻落实了党的二十大精神"加快建设教育强国、科技强国、人才强国"的号召,也是全球化浪潮下顺应产业需求的大势所趋。

本书的主要内容

本书分为三篇,共14章,从虚拟现实技术概述、AR/VR开发软件与行业现状出发,讲解如何运用以Unity为代表的工具进行AR、VR应用设计与开发实践。本书内容涵盖 Unity 软件基础知识，进行 AR/VR 开发所必须掌握的 Unity 操作技能，C♯脚本编程，技术艺术相结合的设计技巧与建议，在主流 AR/VR/MR 设备平台进行实际开发的流程、方法与步骤，以及丰富的教学案例与综合实例。其中第 1 章、第 3～14 章由王楠执笔，第 2 章由李学明教授执笔。

第一篇为基础知识概述，包括第 1 章～第 4 章。主要介绍虚拟现实与行业概述、Unity 软件的使用、C♯脚本编程开发等内容。

第 1 章为绪论。主要介绍虚拟现实技术，包括 VR（狭义的）、AR、MR，以及分别介绍 AR、VR 开发软件和行业现状。

第 2 章为初识 Unity 软件。主要介绍 Unity 软件的功能、下载与安装的方法，使用 Unity 进行项目的常规开发流程，并讲解 Unity 编辑器界面与基本使用方法。

第 3 章为 Unity 脚本编程介绍。包括 C♯编程语言及作用，介绍 C♯语言开发工具，以及讲解 Visual Studio 的安装与配置方法。

第 4 章为 Unity 编程开发详解。讲解在 Unity 中如何创建和编辑 C♯脚本程序，全面介绍 C♯基本语法，介绍 Unity C♯脚本系统的常用功能，并通过制作综合实例"超级跑酷"小游戏进一步讲解和巩固 Unity 操作与 C♯编程的方法。

第二篇为 AR 应用设计与开发，包括第 5 章～第 9 章。主要介绍 AR 技术的原理、AR 应用设计技巧，基于 Vuforia 的 AR 应用开发基础与综合应用开发实例，面向 HoloLens2 的 MR 开发基础、开发实践等内容。

第 5 章为 AR 技术原理与设计技巧。介绍当前的 AR 技术类型、AR 硬件显示技术、AR 标识类型，详细讲解移动 AR 应用的设计技巧。

第 6 章为基于 Vuforia SDK 的 AR 应用开发。介绍 Vuforia SDK 的功能、支持的识别类型，讲解 Vuforia 的获取和基本操作方法，并通过实例演示如何实现识别图片目标播放视频。

第 7 章为基于 Vuforia 的 AR 综合应用开发。通过综合实例"制作 AR 生日卡片"详细讲解了识别图片显示 3D 模型，播放模型动画的方法，介绍了 Vuforia 的虚拟按钮功能，并通过综合实例"制作 AR 留声机"演示了如何使用虚拟按钮制作 AR 交互项目。

第 8 章为 HoloLens2 开发基础。介绍了微软 MR 头显 HoloLens2 的功能、应用领域，以及全息图的相关知识，讲解了 HoloLens2 软件、硬件，为进行 HoloLens2 开发建立基础。

第 9 章为 HoloLens2 开发实践。讲解了微软 MR 开发工具 MRTK 的功能和使用方法，演示了如何在 Unity 中进行 MR 开发配置，在 HoloLens2 中实现手势交互，生成并部署 HoloLens 应用程序。

　　第三篇为 VR 应用设计与开发,包括第 10 章～第 14 章。主要介绍 VR 技术原理、VR 应用设计技巧,面向 HTC Vive 的 VR 开发基础和开发进阶,讲解了 SteamVR Plugin、VIVE Input Utility 的使用方法,讲解了 VR 世界坐标系 UI 的设计与创建方法,详细演示了 VR 综合项目"艺术展厅漫游体验"的设计与制作流程。

　　第 10 章为 VR 技术原理与设计技巧。讲解了 VR 技术的基本原理,当下的自然交互技术,介绍了 VR 应用的类型,详细讲解了 VR 交互设计技巧。

　　第 11 章为基于 HTC Vive 的 VR 开发基础。介绍了 HTC Vive 系列硬件,以及与之开发相关的 SteamVR Plugin 和 OpenVR,演示了 SteamVR Plugin 的下载与导入、在 Unity 中的基本设置。

　　第 12 章为面向 HTC Vive 的开发进阶。讲解了使用 SteamVR Plugin 实现交互的方法,介绍了 VIVE 开发工具 VIVE Input Utility,以及运用其实现手柄抓取、投掷 3D 物体、位置传送等功能。

　　第 13 章为 VR 中的世界坐标系 UI。介绍了 VR 中的 UI,讲解了 VR UI 的设计原则。介绍和讲解了 Unity 中的 Canvas 及其 UI 元素,演示了几种常用 VR UI 的创建方法。

　　第 14 章为 VR 综合项目:展厅漫游体验。讲解了如何基于项目需求设计和搭建 VR 艺术展厅。演示并讲解了如何制作摄影展品、射灯效果等内容,演示了 VR 环境的设置、VR 基本功能的实现,以及添加展品的 UI 交互,并将项目打包为可执行文件。

致谢

　　与虚拟现实的缘分要追溯到我的读博伊始,导师廖祥忠教授根据我的计算机专业背景和数字媒体技术专业教学经历,建议我将虚拟现实作为研究方向。通过一段时间的研习,虚拟现实技术的魅力使它真的成了我的研究领域和研究兴趣。

　　博士毕业后,我有幸顺利入职北京邮电大学,重新成为一位高校教师。工作之后承担的教学课程之一便是"AR/VR 应用开发",对于这门课程倾注的心血一如我对虚拟现实技术的热爱,而学生们对课程的兴趣仿佛让我看到学生时代的自己。几年来,基于这门课程诞生了许多优秀的学生作品,并在多个权威学科竞赛、虚拟现实行业赛事中获得多个国赛一等奖等奖项。每一年这门课程都深受学生喜爱,也收获了学生们的一致好评。感谢学生们的认可,让我更加坚定立德树人的信心,以及将虚拟现实技术、应用开发的相关知识继续传道授业解惑的信念。

最后,衷心地向在本书出版过程中给予支持的组织和个人表示诚挚的谢意。感谢北京邮电大学给予的立项支持,本书为北京邮电大学基本科研业务费项目《VR 电影场境叙事创作研究与应用》(项目编号:2020RC21)的阶段性成果。由于在本书撰写过程中,本人经历了产假,加之平时工作忙碌,精力实在有限,使得本书的付梓不得已被拖延,感谢出版社和编辑老师们的理解!感谢作者所在学院给予的出版支持。感谢我的家人们给予我的无私奉献,为我的生活排忧解难,使我能够在忙碌的工作之余得以专心写作本书。希望本书能够为有志于在虚拟现实领域扬帆前行的朋友们提供理论和实践帮助。

王 楠

2022 年 11 月

目　录

第一篇　基础知识概述

第1章　绪论 ……………………………………………………………… 3

1.1　虚拟现实技术概述 …………………………………………………… 3

1.2　VR 开发工具与行业发展 …………………………………………… 8

1.3　AR 开发工具与行业发展 …………………………………………… 10

本章小结 …………………………………………………………………… 11

思考题与练习题 …………………………………………………………… 11

第2章　初识 Unity 软件 ………………………………………………… 12

2.1　Unity 软件的介绍与安装 …………………………………………… 12

2.2　Unity 项目开发流程 ………………………………………………… 16

2.3　Unity 编辑器界面与基本用法 ……………………………………… 19

本章小结 …………………………………………………………………… 27

思考题与练习题 …………………………………………………………… 27

第3章　Unity 脚本编程介绍 …………………………………………… 28

3.1　C♯编程概述及作用 ………………………………………………… 28

3.2　C♯语言开发工具 …………………………………………………… 30

3.3　Visual Studio 的安装与配置 ……………………………………… 32

本章小结 …………………………………………………………………… 38

思考题与练习题 …………………………………………………………… 38

第4章　Unity C♯编程开发详解 ………………………………………… 39

4.1　在 Unity 中使用 C♯脚本 …………………………………………… 39

4.2　C#基本语法介绍 ·· 41

4.3　Unity C#的常用功能 ·· 50

4.4　综合实例：制作"超级跑酷"小游戏 ······························ 54

本章小结 ·· 60

思考题与练习题 ·· 60

第二篇　AR 应用设计与开发

第 5 章　AR 技术原理与设计技巧 ·································· 63

5.1　AR 技术类型 ·· 63

5.2　AR 硬件显示技术 ·· 65

5.3　AR 标识类型 ·· 68

5.4　AR 应用设计技巧 ·· 73

本章小结 ·· 76

思考题与练习题 ·· 76

第 6 章　基于 Vuforia SDK 的 AR 应用开发 ···················· 77

6.1　Vuforia SDK 概述 ··· 77

6.2　Vuforia 的识别功能 ··· 80

6.3　Vuforia 基本操作方法 ··· 81

6.4　识别图片目标播放视频 ·· 87

6.5　将 AR 项目打包为可执行文件 ··································· 93

本章小结 ·· 94

思考题与练习题 ·· 94

第 7 章　基于 Vuforia 的 AR 综合应用开发 ···················· 95

7.1　综合实例：制作"AR 生日贺卡" ·································· 95

7.2　虚拟按钮简介 ·· 101

7.3　综合实例：制作"AR 留声机" ··································· 102

本章小结 ·· 109

思考题与练习题 ·· 110

第 8 章　HoloLens2 开发基础与实践 ························· 111

8.1　HoloLens2 功能介绍 ······························· 111

8.2　HoloLens2 应用领域 ······························· 113

8.3　全息图简介 ····································· 116

8.4　HoloLens2 软硬件介绍 ····························· 118

本章小结 ·· 120

思考题与练习题 ···································· 120

第 9 章　HoloLens2 开发实践 ······························ 121

9.1　了解 MRTK ···································· 121

9.2　在 Unity 中进行 MR 开发配置 ························ 122

9.3　在 HoloLens2 中实现手势交互 ······················· 128

9.4　生成并部署 HoloLens2 应用程序 ······················ 134

本章小结 ·· 137

思考题和练习题 ···································· 137

第三篇　VR 应用设计与开发

第 10 章　VR 技术原理与设计技巧 ························· 141

10.1　VR 技术基本原理 ······························· 141

10.2　自然交互技术 ································· 143

10.3　VR 应用介绍 ·································· 146

10.4　VR 应用设计技巧 ······························· 152

本章小结 ·· 157

思考题与练习题 ···································· 158

第 11 章　基于 HTC Vive 的 VR 开发基础 ····················· 159

11.1　认识 HTC Vive 系列硬件 ·························· 159

11.2　VR 开发工具简介 ······························· 162

11.3　SteamVR Plugin 的下载与导入 ······················ 163

11.4　SteamVR Plugin 的基本设置 ························ 166

11.5 基于 InteractionSystem 的 VR 交互 ⋯⋯⋯⋯⋯⋯⋯⋯⋯⋯⋯⋯⋯ 167

本章小结 ⋯⋯⋯⋯⋯⋯⋯⋯⋯⋯⋯⋯⋯⋯⋯⋯⋯⋯⋯⋯⋯⋯⋯⋯⋯⋯ 171

思考题和练习题 ⋯⋯⋯⋯⋯⋯⋯⋯⋯⋯⋯⋯⋯⋯⋯⋯⋯⋯⋯⋯⋯⋯⋯⋯ 171

第 12 章　面向 HTC Vive 的开发进阶 ⋯⋯⋯⋯⋯⋯⋯⋯⋯⋯⋯⋯ 172

12.1 VIVE Input Utility 简介 ⋯⋯⋯⋯⋯⋯⋯⋯⋯⋯⋯⋯⋯⋯⋯⋯⋯ 172

12.2 VIVE Input Utility 的使用方法 ⋯⋯⋯⋯⋯⋯⋯⋯⋯⋯⋯⋯⋯ 173

12.3 使用 VIU 实现 VR 抓取与投掷 ⋯⋯⋯⋯⋯⋯⋯⋯⋯⋯⋯⋯⋯ 176

12.4 使用 VIU 实现 VR 射线和瞬移功能 ⋯⋯⋯⋯⋯⋯⋯⋯⋯⋯⋯ 179

本章小结 ⋯⋯⋯⋯⋯⋯⋯⋯⋯⋯⋯⋯⋯⋯⋯⋯⋯⋯⋯⋯⋯⋯⋯⋯⋯⋯ 182

思考题和练习题 ⋯⋯⋯⋯⋯⋯⋯⋯⋯⋯⋯⋯⋯⋯⋯⋯⋯⋯⋯⋯⋯⋯⋯⋯ 182

第 13 章　VR 中的世界坐标系 UI ⋯⋯⋯⋯⋯⋯⋯⋯⋯⋯⋯⋯⋯⋯ 183

13.1 VR 中的 UI ⋯⋯⋯⋯⋯⋯⋯⋯⋯⋯⋯⋯⋯⋯⋯⋯⋯⋯⋯⋯⋯⋯⋯ 183

13.2 VR UI 的设计原则 ⋯⋯⋯⋯⋯⋯⋯⋯⋯⋯⋯⋯⋯⋯⋯⋯⋯⋯⋯ 186

13.3 Unity 中的 Canvas ⋯⋯⋯⋯⋯⋯⋯⋯⋯⋯⋯⋯⋯⋯⋯⋯⋯⋯⋯ 189

13.4 VR UI 的创建 ⋯⋯⋯⋯⋯⋯⋯⋯⋯⋯⋯⋯⋯⋯⋯⋯⋯⋯⋯⋯⋯ 196

本章小结 ⋯⋯⋯⋯⋯⋯⋯⋯⋯⋯⋯⋯⋯⋯⋯⋯⋯⋯⋯⋯⋯⋯⋯⋯⋯⋯ 201

思考题与练习题 ⋯⋯⋯⋯⋯⋯⋯⋯⋯⋯⋯⋯⋯⋯⋯⋯⋯⋯⋯⋯⋯⋯⋯⋯ 201

第 14 章　VR 综合项目：展厅漫游体验 ⋯⋯⋯⋯⋯⋯⋯⋯⋯⋯⋯ 202

14.1 设计和搭建 VR 艺术展厅 ⋯⋯⋯⋯⋯⋯⋯⋯⋯⋯⋯⋯⋯⋯⋯⋯ 202

14.2 制作摄影展品 ⋯⋯⋯⋯⋯⋯⋯⋯⋯⋯⋯⋯⋯⋯⋯⋯⋯⋯⋯⋯⋯ 209

14.3 设置 VR 环境和基本功能 ⋯⋯⋯⋯⋯⋯⋯⋯⋯⋯⋯⋯⋯⋯⋯⋯ 214

14.4 添加展品的 UI 交互 ⋯⋯⋯⋯⋯⋯⋯⋯⋯⋯⋯⋯⋯⋯⋯⋯⋯⋯ 219

14.5 将项目打包为可执行文件 ⋯⋯⋯⋯⋯⋯⋯⋯⋯⋯⋯⋯⋯⋯⋯⋯ 223

本章小结 ⋯⋯⋯⋯⋯⋯⋯⋯⋯⋯⋯⋯⋯⋯⋯⋯⋯⋯⋯⋯⋯⋯⋯⋯⋯⋯ 224

思考题与练习题 ⋯⋯⋯⋯⋯⋯⋯⋯⋯⋯⋯⋯⋯⋯⋯⋯⋯⋯⋯⋯⋯⋯⋯⋯ 224

参考文献 ⋯⋯⋯⋯⋯⋯⋯⋯⋯⋯⋯⋯⋯⋯⋯⋯⋯⋯⋯⋯⋯⋯⋯⋯⋯⋯⋯ 225

第一篇　基础知识概述

第1章 绪 论

本章重点

- 虚拟现实技术概述；
- VR 的"3I"特征；
- VR、AR、MR 技术的概念；
- 常用的 VR 开发工具；
- 常用的 AR 开发工具。

本章难点

- VR 的"3I"特征；
- VR、AR、MR 技术的概念。

本章学时数

- 建议 2 学时。

学习本章目的和要求

- 了解虚拟现实的发展背景；
- 理解 VR、AR、MR 技术的概念；
- 了解常用的 VR 开发工具和 AR 开发工具；
- 把握 VR、AR 行业发展现状，了解行业未来趋势。

1.1 虚拟现实技术概述

1.1.1 虚拟现实发展背景

2014 年,Facebook(现已更名为"Meta")公司宣布以 20 亿美元(后被公司公开更正为 30 亿美元)收购虚拟现实设备制造商 Oculus,公司 CEO 马克·扎克伯格满怀信心地认为虚拟现实将成为"下一代计算平台"。这一举措迅速将"虚拟现实"(Virtual Reality,VR)一词带入大众视野。随着 2021 年"元宇宙"概念及产业的蹿红,作为其核心技术之一的虚拟现实引发了更多瞩目。

近年来,随着虚拟现实的迅速产业化,其在全球逐渐普及,大众常将"虚拟现实"和"沉浸式虚拟现实"视为等同。在严格意义上,虚拟现实包括广义和狭义概念。广义虚拟现实包括:狭义/沉浸式虚拟现实(亦简称 VR)、增强现实(AR)、混合现实(MR)。为了更加严谨,本书将广义虚拟现实以"虚拟现实"指代,将沉浸式虚拟现实以"VR"指代。随着社会生产力和科学技术不断发展,各行各业对虚拟现实需求日益旺盛。虚拟现实技术也不断进步,逐步成为一个新的科学技术领域,并且其边界还在继续扩张。

事实上,虚拟现实早已不是新生概念,而是早在 20 世纪中期就已诞生,并在 20 世纪 90 年代经历过一次短暂的产业发展。只是由于 2014 年的天价收购案,它重新受到人们关注,特别是沉浸式虚拟现实,也因此这一年被称为"VR 元年"。VR 再次进入产业化浪潮,迅速演化出丰富的媒介功能和应用类型,如 VR 游戏、VR 电影、VR 新闻、VR 教学……其中 VR 游戏、VR 电影占比最大、最具代表性。

1.1.2 何为虚拟现实

虚拟现实(Virtual Reality,VR)又称"灵境"技术,将计算机、电子信息、仿真等技术集于一体,通过计算机模拟虚拟环境,从而让用户产生身临其境之感。

2018 年,科幻片《头号玩家》(*Ready Player One*,如图 1-1 所示)在全球热映,同时将"VR"一词带入更多人的视野中。影片中的 VR 游戏"绿洲"既是玩家心中的乌托邦,也唤起了人们对于真正意义上 VR 技术普及的期待。"绿洲"游戏所运用的技术正是沉浸式 VR,即在产业市场、大众认知中常见的"VR",是一种可以创建和体验虚拟世界,使用户沉浸到该虚拟环境中的计算机仿真系统。

图 1-1　电影《玩家一号》剧照

对于大多数人而言,VR 是一个象征着"黑科技""未来科技"的新鲜概念,事实上它已具有近百年历史。1935 年,安托南·阿尔托(Antonin Artaud)在《戏剧及其重影》中将剧院描述为"虚拟现实"(la réalité virtuelle),这是"虚拟现实"一词的首次出现。1965 年,伊凡·苏泽兰(Ivan Sutherland)发表论文《终极显示》(*Ulitimate Display*),其中讨论了交互图形显示、力反馈等关于虚拟现实系统的基本设想,被视为虚拟现实技术的开端。1967 年,莫顿·海利希(Morton Heilig)构造了一个多感知仿环境的虚拟现实系统 Sensorama Simulator,如图 1-2 所示,这通常也被认为是历史上第一套 VR 系统,它能够提供逼真的仿真体验,如"驾驶摩托车"时看到实时变化的街道画面,听到立体声,感受行车颠簸、吹风效果等。

图 1-2　Sensorama Simulator

在上述期间 VR 还处于较为朦胧的萌芽阶段,1989 年,杰伦·拉尼尔(Jaron Lanier)首次提出"虚拟现实"(Virtual Reality)的概念,自此,这一技术明确了它的名称。1991 年,首款消费级 VR 产品 Virtuality 1000CS 问世,随即掀起了 VR 商业化浪潮。之后,世嘉、任天堂、索尼等大公司都陆续推出 VR 产品。在此阶段,VR 一直处于较为低调的萌芽期。直到 2014 年,Facebook 公司对于 Oculus 的"天价"收购案终于将 VR 带入更多人的视野之中。之后,微软、三星、HTC、索尼、雷蛇、佳能等科技巨头陆续加入,在我国也迅速出现数百家 VR 创业公司。

1.1.3　VR 的"3I"特征

VR 由于其采用的技术和实现效果,具有以下基本特征,即"3I"特征。

1. 沉浸感

沉浸感(Immersion)又称为"临场感",指 VR 交互设备与用户自身感知系统相作用产生的让人置身于虚拟环境中的感觉。理想的 VR 环境应该能够模拟视听触嗅味等人类主要感觉通道,使用户难以分辨虚实。目前暂时难以全面实现人类所有感知功能的模拟,VR 还处于主要模拟视觉、听觉、触觉沉浸的阶段。

2. 交互性

交互性(Interactivity)指通过专门的输入输出设备,使人类自然感知对虚拟环境内物体的可操作程度和从环境得到反馈的自然程度。VR 系统强调人与虚拟世界之间以非常逼真、近乎自然的方式进行交互。目前,头显、手柄是 VR 系统最为常用和普及的设备,数据手套等触觉交互设备其次。未来的目标是能够让用户通过头、手、眼、语音以及身体运动来与VR 系统进行实时交互。

3. 构想性

构想性(Imagination)主要指 VR 系统所蕴含的想象性。VR 内容是设计者借助 VR 技术,发挥想象力和创造力而设计的。同时,VR 环境为用户营造了广阔的想象空间,用户在其中可以获得新认知,并且基于所接受的内容激发个人新的想象。

1.1.4 何为增强现实

增强现实(Augmented Reality,AR)是一种借助三维建模、实时追踪等手段,将虚拟信息与真实世界巧妙融合的技术。AR 把数字信息与人类感官所获得的实际信息实时组合在一起,并且让用户能够看见。目前,AR 大多采用移动设备(如智能手机、平板电脑)将图形图像与视频流相结合,这也被称为"基于移动设备的视频透视"AR 系统。

通常认为,增强现实技术建立在虚拟现实之上,前者名称的出现也晚于后者。1992 年,"增强现实"(Augmented Reality)这一术语正式诞生,波音公司研究人员汤姆·考德尔(Tom Caudell)在其论文中使用"增强现实"一词描述"将计算机呈现的元素覆盖在真实世界上"的技术,并阐述了 AR 相对于 VR 的优点。自此以来,一些科研、军事等行业机构一直在探索 AR 技术。20 世纪 90 年代后期,基于 PC 端的 AR 软件工具包已经作为开源包被应用到专用平台中。之后,智能手机、平板电脑的普及加速了工业与消费者对于 AR 的兴趣。

当前人们对于 AR 的关注点主要集中在具有光学透视及跟踪功能的可穿戴式 AR 眼镜上,如 TED 公司的 Meta Vision(图 1-3)、爱普生的 BT-300 智能 AR 眼镜。这些设备大都使用深度传感器对周围环境进行扫描和建模,然后将计算机图形图像加载到真实世界中。

图 1-3　AR 眼镜 Meta Vision

1.1.5 何为混合现实

混合现实(Mixed Reality,MR)是虚拟现实技术的进一步发展,通过在虚拟环境中引入现实场景信息,在虚拟世界、现实世界和用户之间建立一个交互反馈的信息回路,以增强用户体验的真实感。MR 技术对现实物质世界和虚拟世界相合并而产生新的可视化环境,其关键在于物理环境和数字对象不仅共存,而且能够实时互动,这亦是其与 AR 的本质区别。

MR 同样不是一个新鲜概念。在 20 世纪 70~80 年代,为了增强自身视觉效果,让眼睛在任何情境下都能够"看到"周围环境,多伦多大学教授史蒂夫·曼恩(Steve Mann)设计出可穿戴式智能硬件,被视为对 MR 技术的初步探索。发展至今,MR 结合了 VR 和 AR 的优势,能够更好地展现虚拟和现实的互动融合。

从视觉显示效果而言,MR 和 AR 看起来很接近,但事实上两者是不同概念。根据史蒂夫·曼恩的理论,智能硬件最后都会从 AR 向 MR 过渡,他认为"MR 和 AR 的区别在于 MR 通过一个摄像头让你看到裸眼都看不到的现实,AR 只管叠加虚拟环境而不管现实本身"。

目前在市场内知名度最高的 MR 设备包括微软公司的 HoloLens 系列(图 1-4)、Magic Leap 的 Magic Leap One。

图 1-4　HoloLens2 及其应用

1.1.6　虚拟现实发展历程

任何技术的成熟都要经历漫长的发展,这是一个从无到有的过程。虚拟现实技术的发展也不例外,从最初仅仅是一个构想到如今商业化的普及,其中经历了许多重要的阶段和里程碑式的节点,这里简要列出,供读者了解,如表 1-1 所示。

表 1-1　虚拟现实发展历程

时间	重要事件
1929 年	爱德华·林德设计出用于训练飞行员的模拟器
1935 年	安托南·阿尔托在其著作《戏剧及其重影》中将剧院描述为"虚拟现实"(la réalité virtuelle)
1960 年	莫顿·海利希获得 Telesphere Mask 专利
1965 年	伊凡·苏泽兰发表论文《终极的显示》
1967 年	莫顿·海利希构造了一个多感知仿环境的虚拟现实系统 Sensorama Simulator,被视为首套 VR 系统
1968 年	伊凡·苏泽兰组织开发了首个计算机图形驱动的头盔显示器 HMD 及头部位置跟踪系统
20 世纪 80 年代	虚拟现实相关技术在飞行、航天等领域有了比较广泛的应用
1989 年	杰伦·拉尼尔首次提出"Virtual Reality"的概念
1991 年	首款消费级 VR 设备 Virtuality 1000CS 问世,掀起了 VR 商业化浪潮
20 世纪 90 年代	1993 年,世嘉推出 Sega VR 1995 年,任天堂推出 Virtual Boy 1998 年,索尼推出头戴式显示器
2011 年	索尼推出 HMZ 系列头戴式显示器

时间	重要事件
2013 年	美国政府推出"推进创新神经技术脑研究计划"
2014 年	Facebook 斥资 30 亿美元收购 VR 头显初创公司 Oculus,掀起 VR 产业复兴浪潮
2015 年	微软、三星、HTC、索尼、雷蛇、佳能等科技巨头陆续加入虚拟现实领域。中国出现数百家 VR 创业公司
2021 年 4 月	美军花费 219 亿美元向微软公司购买 MR 头显
2021 年 8 月	字节跳动公司以 90 亿美元收购 VR 软硬件研发制造商 Pico 公司

1.2　VR 开发工具与行业发展

1.2.1　VR 开发工具

随着 VR 技术的发展与普及,VR 开发工具越来越多。目前市面上可用于 VR 开发的软件平台主要有:Unity、Unreal Engine、Cult3D、VR-Platform 等,此外还有进行 VR 开发可以借助的 SDK 等。下面简要介绍。

1. Unity

Unity 是 Unity Technologies 公司开发的实时 3D 互动内容创作和运营平台。Unity 平台提供一整套完善的软件解决方案,可用于创作、运营和变现任何实时互动的 2D 和 3D 内容,支持平台包括手机、平板电脑、PC、游戏主机、增强现实和虚拟现实设备。

在虚拟现实开发方面,Unity 提供了易用的实时平台,开发者可以借此构建各种 AR 和 VR 互动体验。目前,全世界所有 VR 和 AR 内容中 60％均为 Unity 驱动。

2. Unreal Engine

Unreal Engine 即虚幻引擎,简称 Unreal 或 UE,由 Epic 公司开发,是世界知名的游戏引擎之一,目前最新版本为 UE4。这是一款代码开源、商业收费、学习免费的游戏引擎,支持 PC,手机、掌机等多种平台,能够充分发挥硬件的性能。基于 Unreal 的开发作品包括《虚幻竞技场 3》《战争机器》《质量效应》《生化奇兵》《一舞成名》等。

3. Cult3D

Cult3D 是瑞典 Cycore 公司开发的一种 3D 网络技术,能够实现高质量渲染、高速度传输的网络 3D 交互。Cult3D 应用于电子商务领域较多,为顾客提供远程查看商品、远程教学、网上演示等功能。如梅赛德斯、NEC、康柏、爱立信等公司都曾运用 Cult3D 进行产品的网络展示。该软件对硬件要求相对较低,开发效率较高。

4. VR-Platform

VR-Platform(Virtual Reality Platform,VRP)即虚拟现实仿真平台,是一款由中视典数字科技有限公司独立开发的虚拟现实软件。其可应用于城市规划、室内设计、工业仿真、古迹复原、军事模拟等领域。特点是适用性强、操作简单、功能强大。

5. SteamVR

SteamVR 是一套用于 VR 的工具和服务,包括 OpenVR、Chaperone、Compositor、

Lighthouse Tracking 等。由于第 11 章等章节将对其详细讲解,此处不作赘述。

6. OpenVR

OpenVR 是 Valve 公司开发的一套 SDK 和 API,用于支持 SteamVR 和其他多种 VR 设备。由于第 11 章将对 OpenVR 进行详细介绍,这里暂不阐述。

7. VRTK

VRTK 的全称是 Virtual Reality Toolkit,前身是 SteamVR Toolkit,由于后续版本开始支持其他 VR 平台(如 Oculus、Daydream、GearVR 等)的 SDK,故更名为 VRTK。VRTK 能实现 VR 中大部分交互效果,开发者只需要挂载脚本和设置相关属性,就能实现想要的功能。VRTK 主要功能包括:支持 SteamVR、Oculus、Daydream 等 SDK;VR 模拟器无须 VR 硬件即可调试;基于头显和手柄的激光指针;基于头显和手柄的曲线指针;游玩区域光标;指针交互;可以为物体设置拖放区域;支持瞬移、Dash Movement 等多种移动方式;手柄震动反馈和高亮、透明等效果;预制常见的物体交互方式,如按钮、杠杆、门、抽屉等。

8. BRIO

BRIO 是一款免费的 VR 开发平台,支持光线跟踪。BRIO 库中有许多材料和纹理,开发者可以将它们用于模型,并且可以轻松在线共享 BRIO 屏幕。BRIO 平台的主要功能是拖放界面、虚拟现实集成、3D 对象、内容创建、跨设备发布、内容库、真实世界背景、叠加对象和模拟。

9. A-Frame

A-Frame 是一个用户创建 VR 应用的网页开发框架,由 WebVR 的发起者 Mozilla 的 VR 团队开发,是当下开发 WebVR 内容的主流技术方案。A-Frame 基于 HTML,容易上手。其支持主流 VR 头显,如 HTC Vive、Oculus Rift、Google Daydream、GearVR。

10. ApertusVR

ApertusVR 是一个开源、模块化、分布式的 AR 和 VR 库。它采用 C++ 编写,在普通或高级硬件规格上提供了良好性能,它独立于平台,易于使用、配置简单。ApertusVR 为许多 VR 设备提供插件,例如 HTC Vive、Oculus DK2 和 CAVE systems。ApertusVR 提供 AR 和 VR 模块,支持多种 VR 边缘和控制设备。

1.2.2　VR 行业发展概述

自 2016 年"VR 产业元年"至今,VR 行业经历了数次起伏,但由于市场的发展,"元宇宙"概念兴起等诸多原因,VR 行业整体前景光明,有着不可预估的发展空间。2020 年,VR 行业结束了几年的蛰伏期,一体机 Oculus Quest2 凭借较高的性价比,带来了快速上升的销量,同时带动整个 VR 行业进入爆发式增长。2021 年,"元宇宙"概念蹿红,随着 Facebook 公司更名为 Meta 等行业大事件,苹果、字节跳动等头部企业也进一步加速 VR 布局,不断升级完善 VR 硬件能力和软件生态。

在 VR 行业的 toC 领域,全球 VR 商业场景逐渐多元化,以 VR 游戏、VR 社交、VR 影视、VR 艺术等类型为主。近年来,VR 关键技术不断实现突破,VR 硬件性能加速提升,内容的质量、数量都有显著提升,为消费者创造了更好的体验。例如,《半衰期:艾利克斯》(*Half Life:Alex*)被誉为首部 3A 级 VR 游戏大作,常年位居 VR 游戏榜首;《VR 聊天室》(*VR Chat*)也成为 VR 社交应用的代表作品。

在 VR 行业的 toB 领域,市场启动更早,在 VR 军事、VR 培训、VR 工业等虚拟仿真领域一直呈现稳步发展态势。例如高通等芯片企业、中国三大运营商等厂商连续多年展出了各自在 VR 应用领域的探索方案。例如,2021 年宝马与英伟达合作,通过 Omniverse 平台建立数字孪生工厂,能够大大缩减优化生产规划的时间;2022 年 Pico 面向 B 端产业用户推出了一站式 VR 行业解决方案 Pico 4 Enterprise。

根据 QYResearch 市场调研报告《2022—2028 全球与中国虚拟现实(VR)市场现状及未来发展趋势》显示,2021 年全球 VR 行业规模达到了 175.8 亿美元。近年来,我国政府和各部门在 VR 的技术研发、人才培养、产品消费等方面出台了很多政策,以支持 VR 行业的发展。我国 VR 行业市场规模不断增长,从 2017 年的 46.5 亿元增长至 2021 年的 228.5 亿元人民币。预计随着国内 VR 设备出货量的迅速增长,未来行业将持续扩大。

1.3　AR 开发工具与行业发展

1.3.1　AR 软件介绍

目前用于制作 AR 内容的软件同样以 Unity 为主,结合使用各个插件,如 Vuforia、EasyAR、ARToolkit、ARCore、ARKit 等。

1. Vuforia

Vuforia 是目前世界上最主流的 AR SDK 之一,是高通推出(后被 PTC 收购)的针对移动设备 AR 应用的软件开发工具包。它利用计算机视觉技术识别和捕捉平面图形图像或简单的三维物体,允许开发者通过相机取景器放置虚拟物体、并调整物体在镜头前实体背景上的位置。Vuforia 具有丰富的功能、高质量的识别技术、良好的跨平台性,兼容 PC、iOS、Android 平台,因此在全球范围内拥有庞大的用户群体。

2. EasyAR

EasyAR 是上海视辰信息公司发布的国内首个投入应用的免费 AR 引擎,其服务遍布多个领域,包括品牌营销 APP、户外/展馆大屏幕互动等。如:2012 年中华常州恐龙园水火动力大屏幕 AR 互动、2012 年燕京啤酒神州 9 号 AR 互动游戏。

3. ARCore

ARCore 是谷歌于 2017 年 8 月推出的 AR 应用程序开发平台,可以利用云软件和设备硬件将数字对象合成到现实世界中。其主要功能包括动作捕捉、环境感知、光源感知。

4. ARKit

ARKit 是苹果在 2017 年 WWDC 推出的 AR 开发平台,可以为 iPhone 和 iPad 创建 AR 应用程序。其开发功能包括:AR 测量工具、AR 多人互动、网页嵌入 AR 等。

5. ARToolKit＋

ARToolKit＋是一款开源免费软件,其核心功能是模块化开源代码、智能眼镜、Android 和 iOS 支持、内容创建、模拟、虚拟现实集成等。

6. HoloKit

HoloKit 是用于移动设备的最流行的开源 AR 工具和 VR 工具之一。该工具包含 HeadKit 头显和 TrackKit 软件。Holokit 通过混合现实应用程序和智能手机来访问混合现实世界。Holokit 的关键功能是虚拟现实集成、叠加对象、真实世界背景、内容创建、3D 对象以及真实与虚拟的融合。

7. Adobe Aero

Adobe Aero 是一款免费的 AR 开发工具,能够让用户查看、构建和分享引人入胜的交互式 AR 体验。Aero 无须复杂的编码,并且可以自然地模糊数字世界和物理世界之间的界限,提供具有吸引力的 AR 体验。Adobe Aero 的主要功能是内容创建、内容库、模拟、拖放、添加交互功能、跨设备发布和虚拟现实集成。

1.3.2　AR 行业发展概述

AR 应用目前主要以智能终端和 AR 头显两种载体进行呈现,前者主要面向 C 端消费者,应用类型偏向于娱乐性;后者主要面向 B 端企业用户,项目更加偏实用型、科研型。

AR 面向 C 端的应用类型包括:AR 营销、AR 游戏、AR 导航、AR 社交、AR 测量等。例如哈根达斯、宜家等企业都曾借助于 AR 类型的 App 与顾客进行互动,从而创造更好的用户体验,以促进品牌营销。在游戏方面,与 VR 相比,AR 的表现并不突出,除了爆款 AR 游戏 *Pokémon Go* 之外,近年来并无其他特别出彩的 AR 游戏作品。而 AR 导航、AR 测量由于其具有一定的实用性,因此在移动端 App 中一直保持稳定的发展。

AR 面向 B 端的应用类型包括:AR 军事、AR 教育、AR 医疗、AR 工业等。AR 面向 B 端的应用通常需要搭载 AR 眼镜(很多时候也被称为 MR 眼镜)进行使用,例如微软公司的 HoloLens 系列。据悉从 2023 年开始,HoloLens 的军事版本 IVAS 将进入美军的作战和训练单位。AR 医疗方面,国内外一些 AR 应用解决方案供应商都陆续推出了"AR＋医疗"解决方案。在 AR 教育、AR 工业等方面,利用 AR 技术打造的远程教学培训、工业协助等类型的应用也越来越多。

本章小结

本章主要介绍了虚拟现实的概要知识,包括虚拟现实技术概述:VR、AR、MR;VR 的"3I"特征;介绍了多种 VR 开发工具,以及 VR 行业发展现状和趋势;介绍了多种 AR 开发工具,以及 AR 行业发展现状和趋势。总体而言,虚拟现实技术处于迅速发展中,并逐渐渗透到社会、工作、生活的各个领域,在当前的数字化浪潮下,虚拟现实拥有不可预估的无限未来。

思考题与练习题

1. 请简述广义虚拟现实和狭义虚拟现实的区别。
2. 请阐述 VR 的"3I"特征及其含义。
3. 请通过查阅文献等方法,进一步了解虚拟现实行业的发展趋势。

第 2 章　初识 Unity 软件

本章重点
- Unity 软件的安装；
- Unity 项目开发流程；
- Unity 编辑器的界面；
- Unity 编辑器各面板的功能；
- 常用的 AR 开发工具。

本章难点
- Unity 项目开发流程；
- Unity 编辑器各面板的功能。

本章学时数
- 建议 2 学时。

学习本章目的和要求
- 了解 Unity 软件；
- 掌握 Unity 软件的安装方法；
- 理解 Unity 项目开发流程；
- 了解 Unity 编辑器界面；
- 掌握 Unity 编辑器各面板的功能。

2.1　Unity 软件的介绍与安装

Unity 软件的介绍
与安装

　　Unity 是由 Unity Technologies 开发的一款综合性游戏开发工具，能让用户轻松创建诸如 2D/3D/视频游戏、AR/VR/MR 应用、虚拟仿真、建筑可视化、实时 3D 动画等类型互动内容的多平台综合型开发工具，是一个全面整合的专业游戏引擎。

　　近年来，Unity 在市场上获得了巨大的成功，使用 Unity 制作开发的精品游戏、AR、VR 等相关应用非常之多。Unity 大作除了《王者荣耀》《原神》《都市：天际线》等视频游戏之外，还有 VR 体验《夜间咖啡馆 VR》（*The Night Café：A VR Tribute to Vincent Van Gogh*）、AR 体验 *Unity Slices：Table* 等虚拟现实应用。

　　Unity 为不同规模的团队或企业、个人提供了针对性的解决方案和相关软件，分别是：个人版、加强版、专业版、MARS。其中，个人版为免费版本，仅供个人学习。加强版和专业版为付费软件；MARS 软件是 Unity 于 2018 年发布的用于开发 AR 应用程序的创作工具，用户可享有 45 天的免费试用期。如果仅出于学习需求，使用免费的个人版 Unity 即可。

Unity 的获取非常便捷,打开 Unity 官方网站(https://unity.cn/),注册并登录账号后即可免费获取 Unity 安装程序。Unity 提供了自 Unity 3.X 以来所有版本的安装包,用户可以根据自己的需要选择下载。

下载 Unity 较为常用的方法是先下载 Unity Hub,再在 Hub 中下载需要的 Unity 版本,如图 2-1 所示。

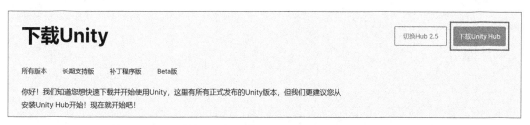

图 2-1　"下载 Unity Hub"按钮

Unity Hub 是一种管理工具,可以管理用户的所有 Unity 项目、Unity 编辑器(Unity Editor)及其关联组件的安装/卸载、创建新项目、打开已有项目等,操作简单便捷。

安装好 Unity Hub 之后,将其打开,以安装 Unity 编辑器。定位到"安装"界面,会显示当前系统内已安装的 Unity 编辑器及其版本、安装路径、关联组件等信息,如图 2-2 所示。编辑器名称旁边带有"LTS"图标的即为长期支持版。还可以单击"正式发行"或"预发行版"选项卡,进行分类查看。

图 2-2　Unity Hub 的安装界面

单击右上角的"安装编辑器"按钮,打开"安装 Unity 编辑器"面板,在其中可以选择需要安装的版本,如图 2-4 所示。Unity 会将其推荐安装的版本在此处优先显示,用户也可以登录网址 https://unity.cn/releases,自由选择版本下载安装。

图 2-3 "安装 Unity 编辑器"界面

例如选择安装 Unity 2021.3.13f1c1 版本,在安装时需要同时勾选其关联模块,对于 Windows 系统而言,通常选择的模块包括:开发工具 Microsoft Visual Studio(用于编写脚本)、安卓创建支持(包括 Android SDK & NDK Tools)、Universal Windows Platform Build Support(UWP 构建支持)、文档,如图 2-4、图 2-5 所示。

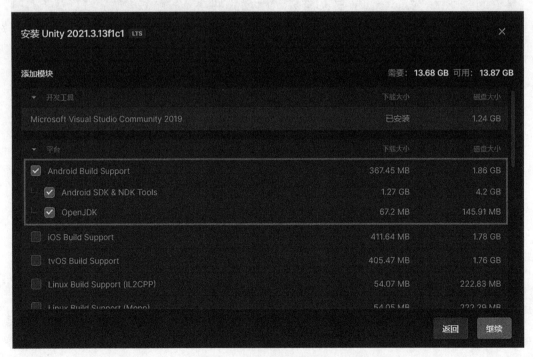

图 2-4 安卓创建支持模块

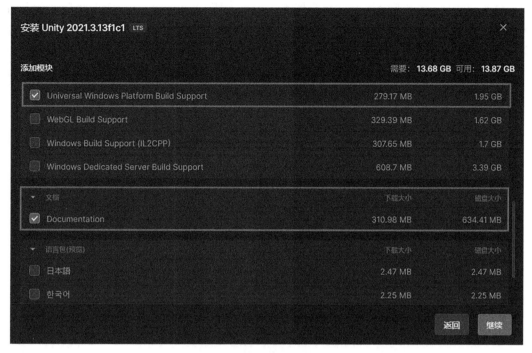

图 2-5　UWP 构建支持和文档

Unity 新推出了简体中文语言包，用户可根据个人需要下载选用，如图 2-6 所示。

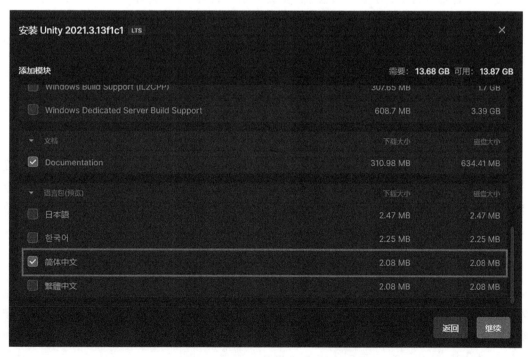

图 2-6　Unity 简体中文语言包

以上就是下载安装 Unity 编辑器的方法与流程。在后期使用中将不需要安装任何特定的系统平台模块,保持现状就可以直接使用。如果需要,亦可在 Unity Hub 中随时为软件添加模块。在"安装"页面中,定位到需要添加模块的 Unity 编辑器版本,单击右上角的齿轮图标,选择"添加模块",如图 2-7 所示,将会弹出"添加模块"面板,勾选需要的模块安装即可。

图 2-7　Unity 安装"添加模块"按钮

通常建议安装 Unity 较新的 LTS 版本,即"长期支持版"(Long Term Support)。Unity 每年都会推出最新的 LTS 版本,同时提供连续两年的支持,包括引擎每两周更新一次、保证用户拥有最新的补丁。在版本维护的过程中,只修复程序漏洞而不增加新的功能,所以会越来越稳定。若要进行正式项目的开发、商业级大型项目等,建议使用 Unity LTS 版进行开发。此外,较新的版本能够支持的 Asset Store 中的游戏资源更多。但在实际应用中,也要根据项目的具体需求选择可行性更高的 Unity 版本。本书中的内容由于有不同的应用场景,因此在一些案例中需要选择不同的 Unity 版本,届时会分别注明,用户依此安装即可。

2.2　Unity 项目开发流程

一套系统化的工作流程有助于让我们的任务执行起来更加规范,也能提高开发效率、提升开发效果,对于 AR、VR 应用开发亦是如此。此处主要介绍其主体部分 Unity 的使用流程。使用 Unity 进行项目开发,无论是针对游戏、AR/VR 应用、APP 应用,其基本流程大致相同,可归纳为以下步骤。

1. 系统设计

系统设计是在整个项目开发的初始阶段,也是在使用 Unity 之前的准备阶段。开发人员需要在正式开发之前对项目进行整体策划,主要设计系统的各个方面,包括:需求分析、总体功能设计、系统框架设计、子模块功能设计等。完整的系统设计有时还包括用户调研等准备工作。

2. 准备资源

完成系统设计之后,可以开始准备开发所需的资源了,资源也可理解为素材。在 Unity 开发中,最常用也是最基本的资源包括:3D 模型、音频、图片、视频、材质等元素。将这些资源导入 Unity 中进行整合,例如搭建场景、制作对话、制作交互等。这些资源可以用对应的工具事先创建,如表 2-1 所示。

表 2-1　各类资源素材的制作软件

资源类型	制作软件
3D 模型	3Ds Max、Maya、Blender、Revit、Cinema4D、ZBrush 等
音频	Audition、CyberLink WaveEditor、GarageBand、GoldWave 等
图片	Photoshop、Illustrator、GIMP 等
视频	After Effects、Premiere、Final Cut 等
材质	Substance Painter/Design、Marmoset Toolbag、NDO Painter 等

以上各类素材在 AR、VR 开发中各自扮演着重要角色,在不同的开发场景中根据需要进行使用。3D 模型在开发时通常应用较多,除了表 2-1 中列出的软件之外,还可以用其他方式制作。例如,在工业化数字孪生、文物的数字复原等场景中,可以使用 3D 扫描(图 2-8)、照片建模等方法,一方面有助于减少庞大的人工建模工作量,另一方面也能准确逼真地对实物数字化。

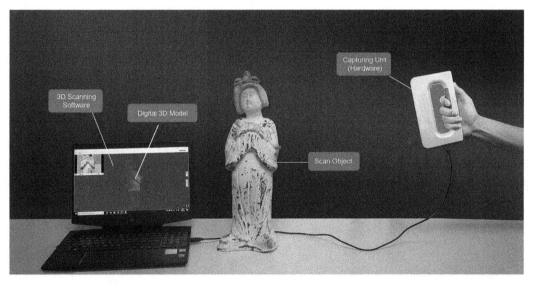

图 2-8　使用 3D 扫描仪对文物建模
(图源:REVOPOINT 网站)

此外,Unity 的 Asset Store 中也提供了丰富且优秀的数字资源,在学习时可根据需要选择使用,若用于商业用途,需要获得版权方的授权许可,以免涉及侵权。

3. 新建项目和导入资源

准备好资源之后,就可以新建 Unity 项目,并将资源导入 Unity 中以备使用。从外部导入的资源被存放在 Unity 项目的 Assets 目录下,在 Unity 编辑器的 Project 面板中进行管理。

4. 导入开发工具包

在进行 AR、VR 开发时,虽然也可以通过自己编写代码实现,但为了提高效率、提高代码的强健性,在实际开发中一般使用相应的 SDK(Software Development Kit,软件开发工具)进行开发。目前各大主流 VR、AR 硬件平台产商均提供面向 Unity 的 SDK,例如 HTC Vive PC 端系列、Vive Focus 系列、Oculus、HoloLens、Pico Neo 等。这些 SDK 中提供了脚本、预制体、材质等,帮助进行高效率开发。一些主流 VR、AR 硬件品牌及其适配 Unity 的 SDK 如表 2-2 所示。

表 2-2　VR、AR 硬件平台的 SDK

类别	硬件平台	软件开发工具包
VR	HTC Vive(PC 端系列)	SteamVR Plugin、Vive Input Utility、VRTK 等
	HTC Vive Focus(一体机系列)	WaveXR、Vive Input Utility 等
	Oculus Rift	Oculus Utilities for Unity
	Pico Neo3	Pico Unity Integration SDK
	Google Cardboard/Daydream	Cardboard SDK/Google VR for Unity
AR(MR)	Microsoft HoloLens	MRTK 等
AR	Nreal Air	NRSDK

5. 搭建虚拟场景

在 VR 开发中,通常都需要搭建虚拟场景,此步骤包括:模型摆放、赋予材质、设计关卡/地形、灯光布置等。在 Unity 的 Scene 面板中,开发者可以对游戏对象进行可视化的编辑,包括设置其位置、大小、旋转等基本属性,还可以在 Inspector 面板中设置更多的参数选项;创建地形、添加灯光,等等。

6. 设置灯光环境

灯光环境的建构和渲染是创建高质量 VR 项目不可或缺的环节。Unity 提供了灯光(Light)类型的各种游戏对象,以及强大的全局光照(Global Illumination,GI)技术,无论是实时全局照明还是烘焙光照贴图,都能满足 VR 环境对于光照的高要求,再加上 Post-Processing 后处理栈工具,能够显著提高应用程序的画面品质。

设置灯光环境的流程包括:单个灯光组件的渲染模式(Render Mode)、选择照明技术、布置反射探头(Reflection Probe)、灯光探头(Light Probe)等。

7. 交互内容开发

在 VR 项目中,交互是非常重要的元素。目前主要有以下交互方式:手柄控制、手势识别、语音识别、凝视射线等。在早期的移动端 VR 眼镜(如 Google Cardboard)中,通常智能采用凝视射线的方法进行简单互动;随着 PC 端 VR 头显、VR 一体机的兴起,手柄控制成为当前最常用的 VR 交互方式。

由于目前 VR 行业还没有设定统一的硬件标准,不同的 VR 头显厂商的手柄控制器也各不相同,同一品牌不同型号的 VR 头显也对应不同的 VR 控制器,在开发时需要选择相应的 SDK 进行手柄交互的开发。目前主流 VR 头显及其对应的 SDK 已在表 2-1 里列出,此处不再赘述。

2019 年 7 月,开放标准行业协会科纳斯组织(Khronos Group)宣布批准和公开发布 OpenXR 1.0 规范,这是一个统一、免版权费的公开标准,提供了对于 VR 和 AR(统称为

XR)平台与终端的高性能跨平台的接入,旨在规范 XR 硬件和软件通信方式。2021 年开始兴起的"元宇宙"概念也大力推动了 VR 行业软硬件标准化进程。2022 年 7 月,科纳斯组织与 Meta、微软、谷歌、高通、英伟达、华为、Unity 等科技巨头宣布成立元宇宙标准论坛,旨在制定 AR/VR、人机界面和交互范式等技术领域的行业标准。

8. 测试优化

测试是软件开发中的重要环节,决定一个软件的可用性和效率如何。在 Unity 进行 AR、VR 开发时,不仅要测试项目是否可以正常运行,还要对程序的性能进行分析,对帧率、内存等指标进行衡量。

Unity 提供了多种分析工具,帮助开发者找到性能瓶颈。例如 Frame Debugger、Memory Profiler、Profiler 等。

9. 发布应用程序

在程序经过测试和优化之后,就可以将其导出发布了。在 Unity 编辑器中,选择需要的目标平台,通常,PC 端 VR 设备对应 PC 平台、VR 一体机对应 Android 平台,等等。

如果是企业定制项目,直接将应用程序交付即可。如果希望发布一个公开的商业产品,则可以将作品发布到各大厂商的应用商店,如表 2-3 所示。

表 2-3　各大 VR 厂商的应用商店

VR 硬件厂商	应用商店/发布渠道
HTC	VIVEPORT、Steam
Oculus	Oculus Home、Steam
Valve	Steam
小米	小米应用商店
Pico	Pico Store
Apple	App Store
Google	Google Play

2.3　Unity 编辑器界面与基本用法

本节将介绍 Unity 编辑器的界面,以及相关的基本用法,使读者对 Unity 的使用有初步了解。

这里以 Unity 2021.3.5f1c1 版本为例讲解软件界面布局。在 Unity Hub 中新建了此版本的 3D 项目后,会自动打开 Unity 编辑器,其默认的界面布局如图 2-9 所示。

Unity 编辑器的软件界面主要由以下部分组成:标题栏、菜单栏、工具栏、层级(Hierarchy)面板、场景(Scene)面板、游戏(Game)面板、项目(Project)面板、控制台(Console)面板、检视(Inspector)面板。用户可以自行拖拽各个面板,根据自己的需要和喜好进行排列;也可以通过【Window】菜单添加其他面板,如选择【Window】|【AI】|【Navigation】,添加 Navigation(导航)面板。下面简要介绍几个主要面板的作用。

图 2-9　Unity 默认界面布局

1. Hierarchy 面板

　　Hierarchy 面板用于显示当前场景中的所有对象,包括:摄像机、灯光、3D 对象、UI、SDK 组件等,以及各对象之间的父子关系。如图 2-10 所示为 SteamVR 开发包中 Interactions_Example 场景的 Hierarchy 面板。

图 2-10　Hierarchy 面板

2. Scene 面板

　　Scene 面板用于放置、调整虚拟场景中的各个对象。Scene 面板中显示的是项目的虚拟"世界",也可以理解为一个"舞台",其中是项目所包含的虚拟世界的布景、演员(游戏角色）、道具等。如图 2-11 所示为 SteamVR 开发包中 Interactions_Example 的 Scene 面板。

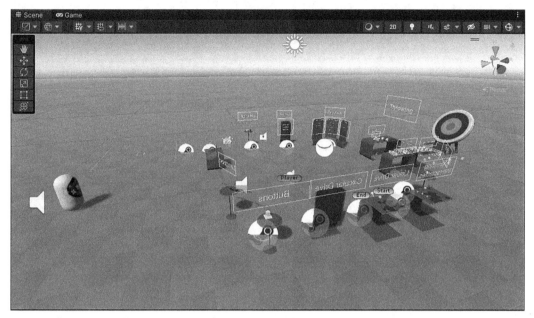

图 2-11　Scene 面板

在 Scene 面板的右上角有一个以红、绿、蓝三种颜色显示的立体图标，红色对应 X 轴、绿色对应 Y 轴、蓝色对应 Z 轴。可以通过单击不同的坐标轴以调整场景的查看角度和方向，还可以单击图标下方的【Persp】/【Iso】选项来切换透视/正交视图。此外，还能对视图进行旋转、推近等操作，方法如下。

（1）旋转视图：按住 Alt 键的同时按住鼠标左键拖动。

（2）移动视图：按住鼠标滑轮拖动。

（3）推近/拉远：鼠标滑轮向上/向下滑动。

3. Game 面板

Game 面板用于显示游戏最终呈现的内容和效果，相当于玩家实际看到的画面，便于开发者进行测试预览。当开发者单击了"Play"（播放）按钮之后，经过场景中相机渲染后的画面会呈现在 Game 面板的视图中。如图 2-12 所示为 SteamVR 开发包中 Interactions_Example.unity 场景运行后的效果。

在 Game 面板中预览时，可以结合一些快捷键查看，常用快捷键如下。

（1）WASD 键/↑ ↓ ←→方向键：画面分别向前、左、后、右方向移动。

（2）按住鼠标右键移动：旋转视图。

（3）按住鼠标左键：与游戏对象进行标准交互。

根据开发的应用类型不同，还可以设置 Game 面板里显示的画幅和分辨率大小。通常，基于 VR 头显的应用无须设置分辨率，保留默认的"Free Aspect"（等比例显示效果）即可。如果是面向移动端的 App，可以在预览时设定相应尺寸，例如设置为 1080×1920，如图 2-13 所示。

图 2-12　Game 面板运行效果

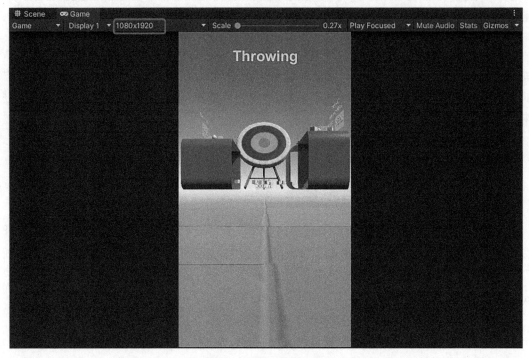

图 2-13　设置预览尺寸

　　此外,还可以单击 Game 面板右上角的"Stats"按钮,以了解游戏运行的性能表现,如图 2-14 所示。

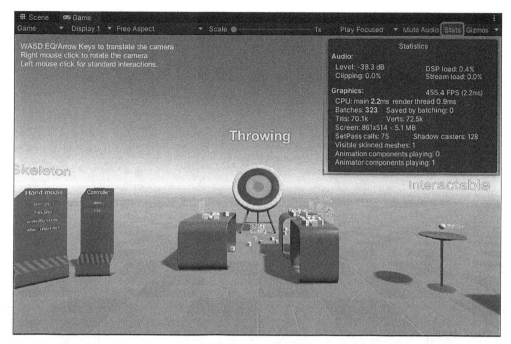

图 2-14 Stats 功能

4. Inspector 面板

Inspector 面板,译为检视面板或属性查看器,其中显示了当前选中对象的属性、组件等。在 Hierarchy 或 Scene、Project 面板中选中对象后,Inspector 面板中会有相应显示。如常用的 Transform(变换)属性组,包括 Position(位置)、Rotation(旋转)、Scale(缩放)三个属性的参数设置。如图 2-15 所示为 SteamVR SDK 里 Teleporting 对象的 Inspector 面板,其中 Transform 为大多数游戏对象都具有的属性组。

5. Project 面板

Project(项目)面板用于放置项目中导入的资源以及开发者创建的脚本、材质等内容,如图 2-16 所示。为了让资源组织有序,通常创建多个文件夹以存放不同类型的资源,如:Materials 存放材质、Textures 存放贴图,等。

6. Console 面板

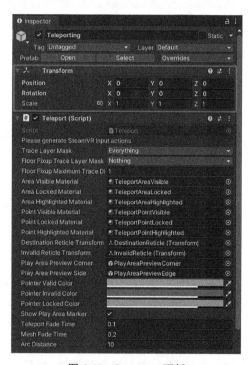

图 2-15 Inspector 面板

Console(控制台)面板位于 Unity 编辑器界面的下方,用于显示编辑器生成的错误、警告和其他相关信息。例如编辑器自动执行的操作、脚本编译错误等,以帮助开发者发现和修正问题,如图 2-17 所示。

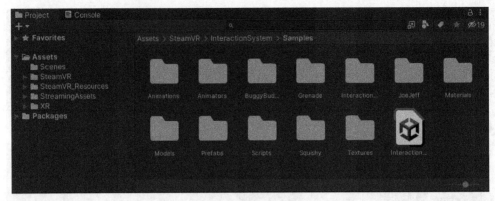

图 2-16　Project 面板

图 2-17　Console 面板

开发者也可以使用 Debug 类将程序运行消息打印到控制台上。例如,可以在脚本中的某处打印关键变量的值,查看它们是如何变化的。

7. 菜单栏

Unity 的菜单栏中集成了软件的主要功能,不同的 Unity 版本、不同的项目类型之间可能会有差别,此处以 Unity 2021.3.5 的 3D 项目为例。菜单栏如图 2-18 所示。下面简要讲解各组菜单的功能。

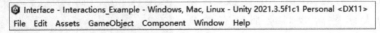

图 2-18　Unity 的菜单栏

(1) File(文件):用于项目和场景的创建、保存、输出等功能。

(2) Edit(编辑):用于场景内部的编辑设置,如选择、复制、查找、播放等,常用重要功能如 Project Settings(项目设置)、Preferences(预设)。

(3) Assets(资源):用于管理游戏资源。包括创建、导入游戏资源、设置属性等。

(4) GameObject(游戏对象):用于在场景中添加和设置游戏对象。其中大部分选项与在 Hierarchy 面板中右键菜单相同,包括 3D Object、Effects 等选项。

(5) Component(组件):为开发者提供了便捷的内置系统设置,包括物理、寻路、渲染等方面。

(6) Window(窗口):可以设置编辑器的界面布局,控制各个面板是否显示,以及一些相关功能,如 Asset Store、Package Manager、Animation 等。

（7）Help（帮助）：提供了 Unity 官方的帮助资源，如 Unity Manual（Unity 手册）、Scripting Reference（脚本参考）等是非常实用的帮助文档。

如同 Gameobject 菜单，很多菜单选项在 Unity 其他面板中可以通过右键菜单获取，因此对于一部分用户而言可能较少直接使用菜单。此外，建议掌握 Unity 的常用快捷键，有助于提高创作和开发效率。

8. 变换工具组

Unity 2020.x 及之前版本的变换工具组位于菜单栏之下，Unity 2021.x 及之后版本的变换工具组位于 Scene 面板中，主要用于实现对场景中对象的方位控制，如位置、旋转、缩放等，如图 2-19 所示。

图 2-19　Unity 工具栏

（1）View Tool

View Tool（视图工具）![hand icon] 主要用于控制 Scene 面板的视角和视图，快捷键为 Q。按住鼠标左键拖动，可以进行视角的平移。Alt 键＋鼠标左键拖动，可以进行视角的旋转。Alt 键＋鼠标右键拖动，或滑动鼠标滚轮，可以对场景视角推近或拉远。

（2）Move Tool

Move Tool（移动工具）![move icon] 主要用于调整游戏对象的位置，快捷键为 W。选中 Move Tool 后，可以在 Scene 面板中单击选中游戏对象，并同时显示该对象的三维坐标轴，如图 2-20 所示。可以在某个轴向上拖动以单独调整该轴向的位置，也可将光标置于轴心的立方体上进行 x、y、z 三个轴向的整体调整。当然，若要对游戏对象进行精确定位，也可在 Inspector 面板中调整其 Transform 属性下的 Position 值。

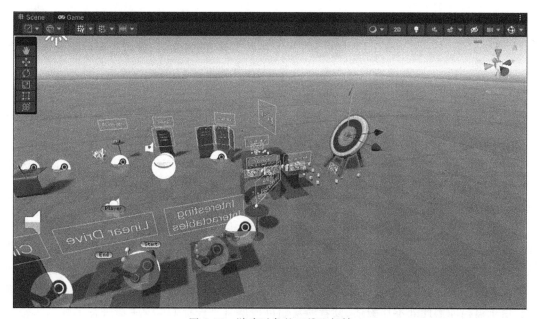

图 2-20　游戏对象的三维坐标轴

（3）Rotate Tool

Rotate Tool（旋转工具）用于调整游戏对象在场景内的角度，快捷键为 E。如同 Move Tool，可以单独调整，亦可整体调整对象的角度。也可在 Inspector 面板中修改 Rotation 参数值以精确设置。

（4）Scale Tool

Scale Tool（缩放工具）用于调整游戏对象的大小，快捷键为 R。使用方法类似于 Move Tool，此处不再赘述。

（5）矩形工具

矩形工具（Rect Tool）方便用户查看和编辑游戏对象的矩形手柄（Rect Handles），快捷键为 T。在 Unity 中，为了便于布局，每个 UI 元素都以矩形表示，这些矩形可使用矩形工具进行快捷的调整，如移动、缩放和旋转。矩形工具即可用于 Unity 的 2D 功能和 UI 元素，也可用于操作 3D 对象。

选中 UI 元素后，可以通过单击矩形内的任意位置并拖动来对元素进行移动。通过单击边或角并拖动，可调整元素大小。在稍微远离角点的位置悬停光标，当光标旁多了一个旋转符号时，可以按下鼠标左键并向任一方向拖动来进行旋转，如图 2-21 所示。

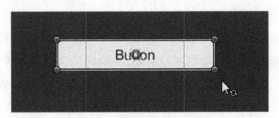

图 2-21　矩形工具的旋转功能

（6）变换工具

变换工具（Transform Tool）可视为移动工具、缩放工具、旋转工具的集成体，快捷键是 Y。使用它可以方便地调整对象的位置、大小和角度。

9. Toggle Tool Handle Position/Rotation

Toggle Tool Handle Position（切换工具手柄位置）和 Toggle Tool Handle Rotation（切换工具手柄旋转）的作用是对游戏对象的定位点进行变换操作。

（1）Toggle Tool Handle Position：具有 Center 和 Pivot 两个选项。Center 是默认选项，以所有选中对象为整体的轴心点，通常用于大量对象的整体调整。Pivot 以最后选中的游戏对象轴心为轴心点。

（2）Toggle Tool Handle Rotation：用于设置物体变换时的坐标参考系，具有 Global 和 Local 两个选项。Global 表示物体旋转时的坐标轴是世界坐标轴。Local 表示物体旋转时的坐标轴是自身坐标。通常在场景中的对象之间有父子关系时，这两个选项会有区别。

除了以上介绍的九个重要版块之外，还有播放控制组、视图控制组按钮以及一些其他面板，由于篇幅原因此处不作赘述，读者朋友们可根据需要查看 Unity 手册进行了解。

本章小结

　　本章主要介绍了 Unity 软件的功能，以及如何下载与安装 Unity 软件。详细讲解了 Unity 项目开发的常规流程，以及 Unity 编辑器的界面与用法说明。Unity 是一款功能强大的开发引擎，不仅可用于 AR、VR 项目开发，还广泛应用于游戏开发中，近年来也越来越多地应用于各种虚拟仿真应用、实时动画渲染中。需要指出的是，Unity 界面看似简单，但内含丰富的组件和功能，初学者不必追求一蹴而就，而是按部就班从基础学起，多实践、多思考，通过实际案例进行练习，一定会有快速的提升。

思考题与练习题

　　1. 请通过调研，了解近年来使用 Unity 引擎进行开发的 AR、VR 作品。

　　2. 使用 Unity 进行 AR/VR/游戏等项目开发的基本流程是怎样的？

　　3. 在 Unity 编辑器的哪个面板中，可以对游戏对象进行属性设置、添加/删除组件等操作？

第3章 Unity 脚本编程介绍

本章重点
- Unity 脚本模块；
- C#语言的特点；
- C#语言开发工具；
- Visual Studio 的安装；
- Visual Studio Tools for Unity 的配置和使用。

本章难点
- C#语言的特点；
- Visual Studio Tools for Unity 的配置和使用。

本章学时数
- 建议 2 学时。

学习本章目的和要求
- 了解 Unity 的脚本模块；
- 掌握 C#语言的特点；
- 了解 C#语言开发工具；
- 掌握 Visual Studio 的安装和配置；
- 掌握 Visual Studio Tools for Unity 的基本使用方法。

3.1 C#编程概述及作用

C#是微软公司在 2000 年 6 月发布的一种面向对象的、运行于微软.NET 框架之上的高级程序设计语言，其首席设计师是丹麦计算机科学家安德斯·海尔斯伯格（Anders Hejlsberg）。它具有简单易学、安全可靠等优点。在 Unity 程序中，大部分脚本都采用 C#语言编写。

3.1.1 Unity 脚本模块简介

脚本模块是游戏开发中最重要的模块之一，即使是非常简单的游戏也需要使用脚本来实现游戏中的机制和玩法。脚本能够控制游戏对象的行为、编写游戏角色的 AI（Artificial Intelligence，人工智能）系统、实现各种视觉效果等。Unity 作为功能强大的跨平台开发工具，支持多种脚本语言，包括 C#、UnityScript、Boo 三种。

C#是一种安全稳定、简洁优雅的面向对象编程语言，由 C 和 C++语言衍生而来。

UnityScript 是专为 Unity 设计的语言,在语法上与 JavaScript 高度相似,因此也在不同场合常被"JavaScript"代称。Boo 是一种.Net 语言,语法类似于 Python,由于用户使用量太小,从 Unity 5.0 版本开始就停止了对 Boo 语言的支持。

由于 C♯ 语言相对其他两者更多的优点以及用户数量,Unity 团队逐渐把支持重心转移到 C♯ 上,这在 Unity 关于 C♯ 的文档、代码实例、社区讨论热度等方面都有所体现。目前,C♯ 已毫无疑问成为最为主流的 Unity 脚本语言,因此本书也将 C♯ 作为 Unity 的主要开发语言进行讲解。

3.1.2　C♯ 语言的特点

C♯ 是一种面向对象的编程语言,它使得程序员可以快速编写各种基于.NET 平台的应用程序。C♯ 语法在继承 C 和 C++ 强大功能的同时,去除了它们的一些复杂特性。C♯ 综合了 Visual Basic 语言的可视化功能和 C++ 的高运行效率,以其强大的操作能力、优雅的语法风格、创新的语言特性和便捷的面向组件编程的支持,成为.NET 开发的首选语言。C♯ 面向对象的卓越设计,使它成为构建各类组件的理想之选,无论是高级的商业对象还是系统级的应用程序。使用简单的 C♯ 语言结构,这些组件可以方便地转化为 XML 网络服务,从而使它们可以由任何语言在任何操作系统上通过 INTERNET 进行调用。C♯ 在继承了 C++、Java 编程语言优点的基础之上,还增加了委托、事件、索引器、并行编程等创新特点,并且借助于.NET 的强大平台,得以广泛应用于 Windows 图像用户界面、ASP.NET Web 应用等方面。C♯ 主要具有以下特点。

1. 简单易学

C♯ 虽然脱胎于 C++,但其过滤了 C++ 中的显著难点,如指针操作、ALT、♯ define 宏等,对于初学者而言大大降低了使用难度。由于其语法和 C++、Java 非常相似,因此对于具有 C++/Java 编程基础的用户会更加简单。

2. 面向对象

作为面向对象编程语言,C♯ 具有封装性、继承性、多态性的优点。C♯ 利用类和对象的机制将数据和其相关操作封装在一起,并通过统一接口和外界交互,使得各个类能够在程序中相互独立又高效合作。面向对象特点提高了程序的可维护性和可重用性,大大提高了开发效率和程序的可管理性。

3. 安全稳定

C♯ 具有安全保障,并去除了 C++ 中容易产生错误的指针机制,增加了自动内存管理等措施,保证了 C♯ 程序运行的可靠性。此外,变量的初始化、类型检查、边界检查、溢出检查等功能也充分保证了 C♯ 程序的安全性和稳定性。

4. 应用广泛

C♯ 具有丰富的类库和强大的图形用户界面功能,它既能开发控制台应用程序,也能开发 Windows 窗口程序、网站、游戏、移动应用等多种程序,并且微软 Visual Studio 开发工具中支持多种类型的程序,提供相应的扩展插件,为开发者提供快速编程的支持。C♯ 能够适应网络应用开发的需求,并且不断与时俱进地进行自身及其开发工具的迭代优化,体现了当今软件开发的新优势和新趋势。

5. 灵活兼容

C♯的灵活性体现在多个方面。例如,其遵守 CLS(.NET 公用语言规范),因此能够保证 C♯组件与 Visual Basic、Visual C++、Jscript 等编程语言的组件间的互操作性。C♯的兼容性主要体现在跨平台优势上,近年来的 C♯版本已经能用于多种操作系统,如 Windows、Mac OS、Linux 等。此外还能应用于手机、PDA 等设备上。

3.1.3　了解 Microsoft.NET

C♯与其运行环境 Microsoft .NET 具有密切关系,因此有必要对.NET 框架做简要介绍。

2002 年,微软公司发布了.NET 框架的第一个版本,它是一个具有集成性、面向对象特点的开发环境。.NET 框架由三部分组成:CLR(Common Language Runtime,公共语言运行库)执行环境、编程工具、BCL(Base Class Library,基类库)。其中编程工具涵盖了编码和调试所需的一切,包括:Visual Studio 集成开发环境(IDE)、.NET 兼容的编译器(如:C♯、Visual Basic.NET、F♯等)、调试器、网站开发服务器端技术。

.NET 具有以下特点:

1. 多平台

.NET 系统可以在各种计算机上运行,从服务器、PC 到 PDA,还能在移动电话上运行。

2. 统一的行业标准

.NET 系统使用行业标准的通信协议,如 XML、HTTP、SOAP、JSON 和 WSDL。

3. 安全性

.NET 能够提供更加安全的执行环境,即使存在来源可疑的代码,也能保证开发环境的安全性。

3.2　C♯语言开发工具

有多个工具可用于 C♯语言开发,如 Visual Studio Code、Visual Studio。Unity 的默认 C♯开发工具是 Visual Studio,用户可以在安装 Unity 同时下载安装 VS,亦可从微软公司官方网站下载安装。本节分别介绍。

3.2.1　Visual Studio Code 简介

Visual Studio Code(简称 VS Code)是微软公司提供的一款开源、免费的编辑工具,由微软公司发布于 2015 年 4 月 30 日 Build 开发者大会。VS Code 是一个跨平台文本编辑工具,可以方便地编写 C♯程序、网页文件、JavaScript 脚本等,兼容于 Windows、Mac OS、Linux 等操作系统。它具有对 JavaScript、TypeScript 和 Node.js 的内置支持,并且为其他语言(如 C♯、C++、Java、Python、PHP、Go)和运行时(如 Unity 和.NET)提供了丰富的扩展支持。VS Code 集成了现代编辑器的几乎所有功能,包括语法高亮、可定制的热键绑定、括号匹配、代码片段收集、智能提示等。

在 Unity 中可以将 VS Code 作为外部代码编辑器,在菜单栏中选择【Unity

Preferences】|【External Tools】即可设置,可参考本章 3.3.3 节中的讲解。VS Code 也能结合 Unity 进行程序调试,但是需要安装调试插件 Debugger for Unity 并进行相关配置。此处不作详细讲解。

3.2.2 Visual Studio 简介

Visual Studio(简称 VS)是微软公司发布于 1995 年的开发工具包系列产品,支持 C、C++、C♯、F♯、J♯ 等语言。VS 包括了软件生命周期中所需的大部分工具,如 UML 工具、代码管控工具、集成开发环境(IDE)等,目前最新版本为 Visual Studio 2022 版本,基于 .NET Framework 4.8。其每个版本都在持续进行优化迭代,以实现更加高效、现代、创新的开发理念。VS 具有一些经典功能,如自动代码完成工具 IntelliCode 能够了解代码上下文:变量名称、函数、正在编写的代码类型,从而帮助用户更加准确自信地进行编码。CodeLens 能够帮助用户轻松找到重要信息,例如已进行的更改、更改产生的影响、是否已对方法运行单元测试,这些在调用、作者、测试、提交历史记录等方面的重要信息能够指导用户做出明智的工作决策,如图 3-1 所示。

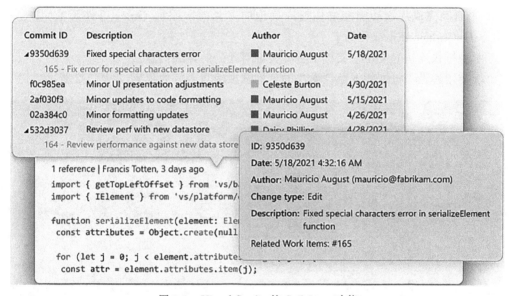

图 3-1　Visual Studio 的 CodeLens 功能

VS 提供了社区版(Community)、专业版(Professional)、企业版(Enterprise)三个版本,其中社区版为免费版本。对于独立开发人员或规模较小团队,在结合 Unity 进行开发时,选择社区版即可。需注意 VS 和 Unity 版本的匹配,建议使用最新版本的 VS 编辑器包。微软公司给出了关于 VS 和 Unity 的版本建议信息,如表 3-1 所示。

表 3-1　VS 和 Unity 的使用版本建议

Visual Studio	最低 Unity 版本	最低 Unity 包版本
2022	Unity 2019.4	Visual Studio 编辑器 2.0.11
2019	Unity 2017.4	Visual Studio 编辑器 2.0.0
2017	不推荐	—

虽然 Unity 仍然使用自己的 C♯编译器来编译脚本,但 VS 自带的 C♯编译器让用户可以更加方便地检查和调试脚本中是否存在错误,而不用切换到 Unity 来进行检查。VS 的 C♯编译器比 Unity 内部 C♯编译器支持的功能更多,因此某些代码(特别是较新的 C♯功能)不会在 VS 中运行报错,但在 Unity 中则有可能。

3.2.3　Visual Studio Tools for Unity

Visual Studio Tools for Unity(简称 VS Tools for Unity)是 VS 专门面向 Unity 开发的支持工具,是一个免费的 VS 扩展。其包括一组丰富的功能,可以增强编写和调试 Unity C♯脚本、使用 Unity 项目,能够帮助用户更加高效率地使用 Unity 开发跨平台游戏和应用。主要功能包括以下几点。

(1) 使用针对 Unity 项目优化的高性能调试器对代码进行故障排除、检查和浏览,功能包括:设置断点;计算"监视"窗口中的复杂表达式;检查和修改变量和参数的值;深化到复杂对象和数据结构。

(2) 使用特定于 Unity 的 IntelliSense 代码完成快速发现和编写 Unity 脚本。IntelliSense 的自动完成建议功能能够快速准确地向 C♯脚本添加 Unity 事件函数,如 Start、Update、OnCollisionEnter 函数。

(3) 通过快速访问 Unity 文档了解有关编写代码的详细信息。

(4) 使用遵循 Unity 脚本最佳做法的重构选项编写更好的代码,如图 3-2 所示。

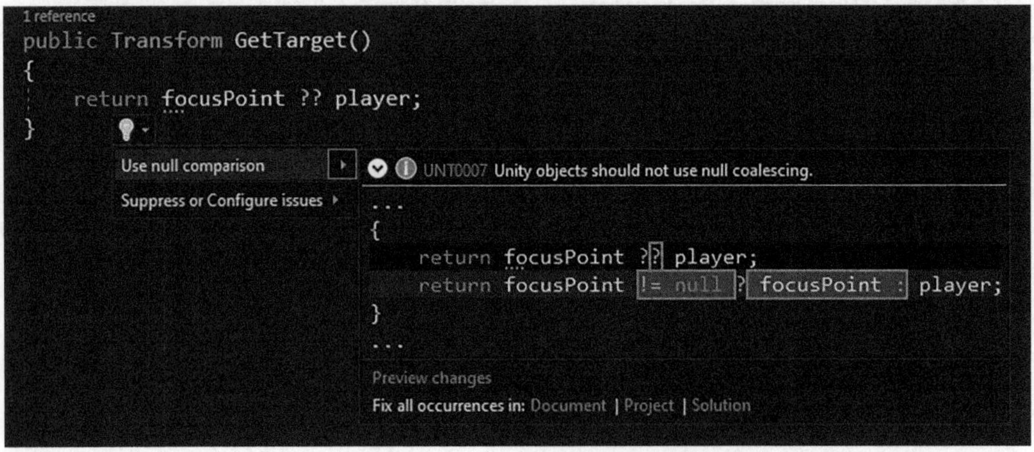

图 3-2　VS Tools for Unity 的快速修复和重构建议

(5) 确定 Unity 引擎如何使用 CodeLens 提示来调用代码,以获取消息函数和资产使用情况。

3.3　Visual Studio 的安装与配置

Visual Studio 已经被集成到 Unity 的安装中,因此安装十分方便。用户可以选择多种方法安装 VS,包括:从 Unity Hub 安装、从微软公司官网下载 VS 安装程序进行安装。

3.3.1　从 Unity Hub 安装 VS

在安装 Unity 的同时安装 VS 是一种最简单快捷的方式。例如安装 Unity 2022.2.0b1（BETA 版）时，在安装选项的界面中，在"添加模块"里勾选上开发工具选项栏中的"Microsoft Visual Studio Community 2022"，单击"继续"按钮即可，如图 3-3 所示。

图 3-3　Unity Hub 安装界面

3.3.2　从微软官网下载安装 VS

用户还可以从微软官网直接下载 VS 的安装包进行安装，适用于多种情况，譬如用户需要单独更新 VS，或是需要更改 VS 中的配置，或是需要安装不同版本的 VS。登录 Visual Studio 的官方网站（https://visualstudio.microsoft.com/），根据操作系统选择下载 VS 或 VS for Mac，再按照提示安装即可，如图 3-4 所示。

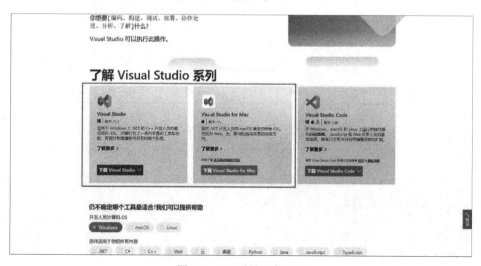

图 3-4　VS 引导下载页面

在 VS 的安装界面中,根据需要选择安装的"工作负荷"(Workloads),例如如果是主要进行基于 C♯ 的开发,则选择"ASP.NET 和 Web 开发""."NET 桌面开发""通用 Windows 平台开发"。在结合 Unity 的开发中,需要同时勾选"使用 Unity 的游戏开发",以更好地搭配 Unity 开发跨平台游戏和 AR、VR 等应用,如图 3-5 所示。

图 3-5　VS 安装界面

如果系统里已经安装了 VS,但是缺少需要的工作负荷或组件、或需要进行相关修改,则打开 VS 安装文件(.exe),在对应版本后单击"修改"按钮即可。例如在 VS Community 2022 Current 版本中单独增加"使用 Unity 的游戏开发"工作负荷,如图 3-6 所示。

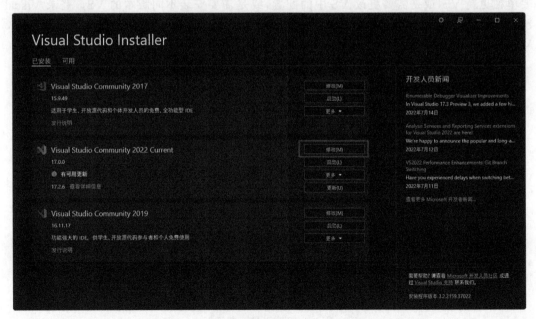

图 3-6　在已安装的 VS 基础上进行修改

3.3.3　安装和配置 VS Tools for Unity

VS Tools for Unity 的安装非常便捷。打开已安装的 VS，选择"工作负荷"选项卡，勾选"游戏"栏中的"使用 Unity 的游戏开发"，进行安装即可（参考 3.3.2 节，同图 3-5）。默认情况下，Unity 会自动配置为使用 VS（或 VS for Mac）作为脚本编辑器。用户可以保持原默认设置，也可自行将脚本编辑器更改为特定版本的 VS。更改方法如下：

（1）在 Unity 中，打开菜单栏中的 Edit（编辑）| Preference（偏好）选项。

（2）在 Preference 面板中，选中"External Tools"（外部工具）选项，将第一行 External Script Editor（外部脚本编辑器）设置为个人所需的版本即可，例如设置为：Visual Studio 2019（Community），如图 3-7 所示。

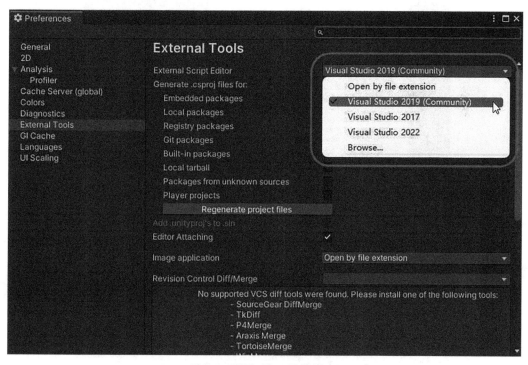

图 3-7　配置 Unity 以使用 VS

3.3.4　VS Tools for Unity 的使用

如前所述，VS Tools for Unity 能够为 Unity 和 VS 的协同工作提供很大便利，其集成功能提升了 Unity 脚本编程和开发效率，此处简要介绍其使用要点。

1. 在 VS 中打开 Unity 脚本

将 VS 配置为 Unity 的外部编辑器之后，在 Unity 中双击任何脚本就会自动启动或切换到 VS，同时打开该脚本。也可在 Unity 的菜单栏中选择【Assets】|【Open C♯ Project】，在没有打开脚本的情况下启动 VS，如图 3-8 所示。

2. 访问 Unity 文档

在安装了 VS Tools for Unity 之后，VS 在打开 C♯ 脚本的情况下界面会发生相应变

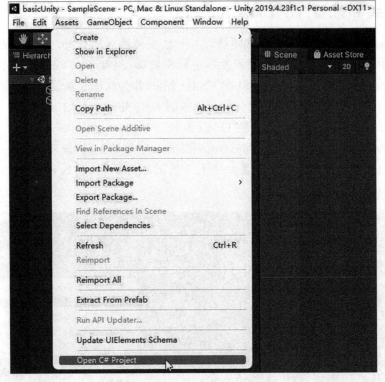

图 3-8　从 Unity 打开 C♯脚本

化,例如可以从 VS 的菜单栏中快速访问 Unity 脚本文档。在 VS 中,选择帮助菜单下的
"Unity API 引用";或是将想要了解的 Unity API 突出显示或将光标置于其上,再依次按下
组合快捷键 Ctrl＋Alt＋M、Ctrl＋H。

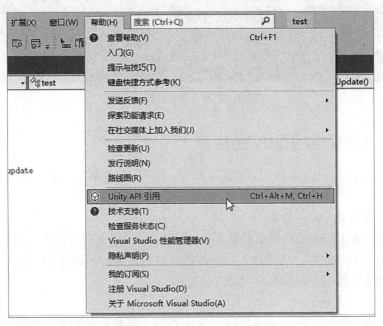

图 3-9　"Unity API 引用"命令

　　例如查询"MonoBehaviour"，把光标移至该名称上，再先后按下 Ctrl＋Alt＋M、Ctrl＋H，则会自动通过浏览器打开 Unity API 文档中 MonoBehaviour 页面，如图 3-10 所示。

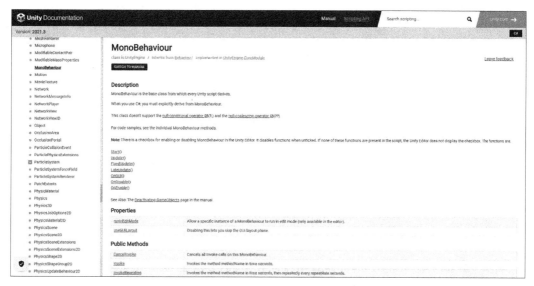

图 3-10　MonoBehavior 的 Unity 文档

3. Unity 调试

　　安装了 VS Tools for Unity 之后，可以同时调试 Unity 项目的编辑器和游戏脚本。在 VS 中打开 Unity 的 C# 脚本之后，可以看到原先的"附加到..."按钮变成了"附加到 Unity"，可以直接单击此按钮进行调试，如图 3-11 所示。

图 3-11　"附加到 Unity"按钮

　　调试程序无误后，切换到 Unity 并单击"Play"按钮，在 Unity 中运行项目。在连接到 VS 的情况下，在 Unity 中运行时，遇到任何断点都会中断项目执行，并在 VS 中显示游戏遇到断点的代码行。为了方便起见，还可以在 VS 选择"附加到 Unity 并播放"按钮，如图 3-12 所示，会自动切换到 Unity 并在其中运行游戏。

图 3-12　"附加到 Unity 并播放"按钮

　　也可从菜单栏中选择"调试│附加 Unity 调试程序"，选择要附加调试器的 Unity 实例。在弹出的"选择 Unity 实例"（Select Unity Instance）对话框中将显示每个可连接的 Unity 实例的相关信息，如图 3-13 所示。其中，"Project"（项目）栏显示此 Unity 实例中运行的 Unity

项目的名称；"Machine"（机器）表示运行此实例的计算机或设备名称；"Type"（类型）栏为"Editor"（编辑器）或"Player"（玩家），前者表示 Unity 实例作为 Unity 编辑器的一部分运行，后者表示 Unity 实例是独立玩家；"Port"（端口）表示此 Unity 实例将用于通信的 UDP 套接字的端口号（VS Tools for Unity 和 Unity 实例通过 UDP 网络套接字进行通信）。

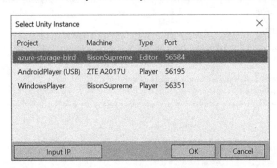

图 3-13 "选择 Unity 实例"对话框

（图源：微软 Visual Studio 官方网站）

此外，如果已知 Unity Player 未显示在列表中，则可以在"选择 Unity 实例"窗口中单击左下角的"输入 IP"按钮，输入正在运行的 Unity Player 的 IP 地址和端口以连接调试器。此处不作赘述。

本章小结

本章主要介绍了 Unity 的脚本编程模块，以及其中最为核心的 C♯编程语言的概述及其作用、常用的 C♯语言开发工具，讲解了 Visual Studio 的安装与配置。由于 C♯是 Unity 的脚本编程语言，其重要性不言而喻，因此本书将在有限的篇幅内进行尽量详细的讲解。通过本章的讲解，希望读者朋友们对 C♯编程语言有初步的了解和认知，为下一章学习其语法和开发实践建立基础。

思考题与练习题

1. C♯语言是一种应用广泛的面向对象编程语言，除了用于 Unity 脚本编程，还可用于哪些开发领域？

2. 请通过查阅 Unity API 文档，进一步了解 Unity C♯脚本编程。

第 4 章 Unity C♯编程开发详解

本章重点
- 在 Unity 中创建和使用 C♯脚本；
- C♯的基本语法；
- Unity C♯的常用功能；
- 综合实例：制作"超级跑酷"小游戏。

本章难点
- C♯中的面向对象程序设计；
- Unity C♯的常用类；
- 综合实例：制作"超级跑酷"小游戏。

本章学时数
- 建议 2 学时。

学习本章目的和要求
- 掌握在 Unity 中创建和使用 C♯脚本的方法；
- 掌握 C♯的基本语法；
- 了解 Unity C♯的常用类、方法等功能。
- 掌握综合实例：制作"超级跑酷"小游戏。

4.1 在 Unity 中使用 C♯脚本

在正式介绍 C♯的基本语法和编程知识之前，首先讲解如何在 Unity 中创建和使用 C♯脚本。

4.1.1 创建 C♯脚本

在 Unity 中可以通过多种方法创建 C♯脚本，其中比较常用的有以下两种。

一种方法是在 Project 面板中创建。在 Assets 文件夹中单击右键，从菜单中选择【Create】|【Folder】，创建一个新文件夹，命名为"Scripts"。在 Scripts 文件夹中单击右键，从菜单中选择【Create】|【C♯ Script】，命名为"MyScript"，如图 4-1 所示。

图 4-1　Project 面板中的 C♯脚本

之后，将此脚本挂载到目标对象上。例如已创建好一个 Sphere 对象，可将 MyScript 脚本直接拖至 Hierarchy 面板的 Sphere 对象上，或将 Sphere 选中后，将脚本拖至 Inspector 面板中的下方即可添加，如图 4-2 所示。

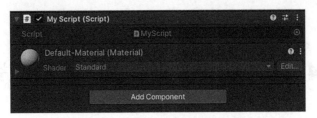

图 4-2　Inspector 面板中的脚本组件

第二种方法是选中要添加脚本的目标对象,在 Inspector 面板中单击最下方的"Add Component"(添加组件)按钮,单击选择"New Script",进而输入脚本名称如"MyScript",然后单击"Create and Add",如图 4-3 所示,即可在创建脚本的同时将其挂载到目标对象上。

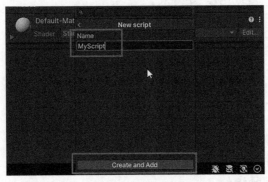

图 4-3　在 Inspector 面板中新建脚本组件

4.1.2　使用 C♯脚本

创建好脚本之后,在 Project 面板中双击脚本文件,则系统会自动运行 Visual Studio,打开脚本文件,可以看到,在 VS 的代码编辑区中已经有了自动生成的代码,包括引用命名空间、类的编写两部分,如图 4-4 所示。将在后文进行讲解。

```
1   using System.Collections;
2   using System.Collections.Generic;
3   using UnityEngine;
4
    Unity 脚本|0 个引用
5   public class MyScript : MonoBehaviour
6   {
7       // Start is called before the first frame update
        Unity 消息|0 个引用
8       void Start()
9       {
10
11      }
12
13      // Update is called once per frame
        Unity 消息|0 个引用
14      void Update()
15      {
16
17      }
18  }
19
```

图 4-4　Unity C♯脚本的初始代码

在创建和使用 C♯ 脚本时,有一些需要注意之处:

(1) C♯ 脚本文件本身就是一个类(Class),在命名时最好遵守 C♯ 类的命名规则"驼峰式命名法"(Camel Case),即以大写字母开头,之后每个单词首字母大写,如:MyScript、GameController 等。

(2) 每创建一个脚本文件,都会同时生成一个与之同名的 MonoBehavior 的派生类,在 Unity 中脚本文件名和这个类名必须相同(在 Unity 之外使用 C♯ 则并不必须如此)。因此,若要对脚本文件进行重命名,则需要在 VS 中相应的将类名修改为脚本名称,否则会报错。

(3) 通常,Unity 和 VS 是相互同步内容的,但若出现无法正常同步的情况,只要在 Unity 的 Project 面板中选中该脚本,从右键菜单中选择【Refresh】即可。

4.2　C♯ 基本语法介绍

"万丈高楼,始于地基",要想通过编写 C♯ 脚本为游戏等应用程序赋予丰富多彩的功能与效果,还需从 C♯ 基本语法开始学起。由于篇幅有限,本书挑选最为基础、常用、有用的 C♯ 语法知识进行讲解,读者朋友们可根据个人情况进行扩展学习。

在 Unity 的 C♯ 脚本编程中,最常用的概念包括:变量、方法、类、数据类型、控制流、结构体、面向对象编程等,下面分别介绍。

4.2.1　变量与常量

变量是编程的最基本单位,表示程序执行时存储在内存中的数据。变量是计算机内存中保存某个赋值的一小块区域,其具有名称、值及其类型(如数字、字符或列表)这些信息。

变量用于存储特定类型的数据,在定义变量时需要指定其名称、类型,而后根据需要为其赋值。其中,变量名是变量在程序中的标识,类型用于确定变量占用的内存大小,变量值指它所代表的内存块中的数据。

C♯ 中的数据类型可以分为两大类:值类型、引用类型。值类型表示直接存储值,引用类型存储的是对值的引用。C♯ 中的数据类型结构如图 4-5 所示。

值类型包括简单类型和复杂类型。简单类型是程序中最基本的类型,包括整数类型、浮点类型、布尔类型、字符类型;复合类型包括枚举类型、结构类型,这两种复合类型既可以是.NET 预定义的,也可以是程序员自定义的。引用类型相对更加复杂,包括预定义和自定义引用类型。预定义引用类型包括对象、字符串;自定义引用类型包括数组、类、接口、委托。

除常用的变量之外,C♯ 还包括一种特殊的"变量"——常量。常量需要在声明时为其赋值,且在程序运行过程中不可以再改变其值。声明常量的方法很简单,在变量名前面加上关键字 const 或 readonly 即可。如以下语句分别声明了 string 类型的 const 常量、double 类型的 const 常量,并对其进行了初始化:

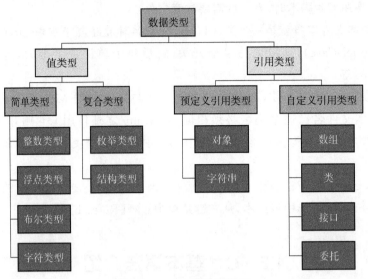

图 4-5　C♯中的数据类型

```
const string gender = "Male";
const double height = 1.83;
```

由于在实际应用中,变量相对于常量而言运用更多、情况也更复杂,此处重点介绍变量。

4.2.2　定义变量

使用变量之前,需要先定义变量,包括声明和初始化。声明变量是指对其命名,初始化是指为变量赋值。

1. 声明变量

声明一个变量的语法形式如下:

> 变量类型 变量名;

也可以同时声明多个变量,只需用逗号","将变量名之间分隔开即可。

> 变量类型 变量名 1,变量名 2,…,变量名 n;

例如,声明一个整型变量:

```
int age;
```

声明一个字符串型变量:

```
string name;
```

在声明变量时,要注意变量的命名规则。C♯的变量名符合标识符的命名规则,如下:

(1) 变量名只能由数字、字母和下划线组成。

(2) 变量名的首字符只能是字母或下划线,不能是数字。

（3）不能使用 C♯ 中的关键字作为变量名。

（4）如果在一个语句块中定义了一个变量名,那么在其作用域中都不能再定义同名的变量。

例如,正确的变量名:city、_level、member_1;错误的变量名:123、2text、int。

C♯ 变量名还应遵循"帕斯卡命名法",即首字母小写,后面每个单词首字母大写。

2. 为变量赋值

声明过变量之后,即可对变量赋值,通常使用赋值运算符"=",格式如下:

变量名= 值;

例如:为整型变量 age 赋值:

age = 20;

为字符串型变量赋值:

name = "Kitty";

也可在声明变量的同时为变量赋值,格式如下:

变 量 类 型　变 量 名 = 值;

例如:声明一个双精度类型变量并赋值:

double money = 2666866.6;

声明一个布尔型变量并赋值:

bool lightOn = true;

4.2.3　简单数据类型

简单数据类型是编程的基础,本部分先对此进行介绍。由于篇幅有限,且并非本书重点,因此这里力求以全面且简洁的方式阐述。

1. 整数类型

整数类型用于存储整数数值,即没有小数部分的数值。可以是正数或负数。整型数据以 int 声明,如:

int num = 10;

整型数据在 C♯ 中有三种表示形式:十进制,即日常生活中使用的计数方式,逢十进位,如 116、0、−70;八进制,即逢八进位,在 C♯ 中以 0 开头表示,如 0123(相当于十进制 83)、−0123(相当于十进制−83);十六进制,逢十六进位,以 0x 开头表示,如 0x26(相当于十进制 38)、0xe01b(相当于 57371)。其中十进制最为常用。

更加准确地说,"int"表示 32 位有符号整数,"long"表示 64 位有符号整数,"short"表示

16 位整数,此外还有 sbyte(8 位有符号整数)、uint(32 位无符号整数)等。其中"int"类型是最常用的整数类型。

2. 浮点类型

浮点类型表示含有小数的数据,主要包括 float 和 double 两种类型。float 是单精度类型,有效位数是 6 位,占用 4 字节的存储空间;double 是双精度类型,有效位数是 15 位,占用 8 字节的存储空间。

在 C#中,小数数值默认为 double 类型,若要定义为 float,需在末尾加上 f。如:

```
float value = 6.6f;
```

3. 文本类型

文本类型的数据以字符形式表示,主要包括 char 和 string 两类。char 为字符型,用于保存单个字符的值,用单引号括起;string 为字符串型,用于保存字符串的值,以双引号括起。如:

```
char symbol = 'A';
string playerName = "Kitty";
```

需注意的是,C#中的字母区分大小写,如"a"与"A"对应了不同的 ASCII 码。

4. 布尔类型

布尔类型的数据用于保存逻辑状态的变量,用 bool 作为标识符,其取值为 true 或 false。true 表示"逻辑真",false 表示"逻辑假"。

4.2.4 运算符和表达式

在计算机编程中经常需要对数据进行计算处理,运算符就是用于执行运算的符号,例如 +、一、*、/分别表示加、减、乘、除四种运算,此外还有些专用于编程语言中的运算符;表达式由运算符和操作数组成,表达式用于表示数据信息的运算过程。操作数代表参与运算的数据及其单元地址,其基本单位由变量、数值组成。

从功能而言,C#中的运算符主要包括算术运算符、赋值运算符、关系运算符、逻辑运算符、位运算符几大类。从运算形式而言,C#运算符包括单目运算符、双目运算符、三目运算符三大类,分别作用在一个、两个、三个操作数上。

1. 算术运算符

C#中的算术运算符包括双目运算符和单目运算符。前者主要包括 +、一、*、/、% 五种,分别用于加、减、乘、除、模(求余数)运算。单目运算符包括自增、自减运算符,分别用 ++、一一表示。以上算术运算符的功能及使用方式如表 4-1 所示。

表 4-1　C#算术运算符说明

运算符	功能	使用形式	示例
+	加法	a+b	20+30,计算结果为 50
一	减法	a−b	3.6−1.0,计算结果为 2.6

运算符	功能	使用形式	示例
*	乘法	a * b	15 * 6,计算结果为 90
/	除法	a/b	30/4,计算结果为 7
%	计算整除之后的余数	a%b	30%4,计算结果为 2
++	自增运算符,进行加 1 运算	++a 或 a++	若 a 初始值为 8,则++a 表示先执行 a+1,即 a 等于 9 后,再参与其他运算;a++表示 a 先参加完其他运算,再执行 a+1 操作
——	自减运算符,进行减 1 运算	——a 或 a——	若 a 初始值为 8,则——a 表示先执行 a−1,即 a 等于 7 后,再参与其他运算;a——表示 a 先参加完其他运算,再执行 a−1 操作

2. 赋值运算符

赋值运算符是双目运算符,主要用于为变量赋值,包括简单赋值运算符、复合赋值运算符两类。前者即符号"=",功能是将等号右侧操作数所含的值赋予左操作数;后者是将赋值运算符与其他运算合并成一个运算符来使用,如"+=""%="。C♯复合赋值运算符的使用形式及含义如表 4-2 所示。

表 4-2　C♯复合赋值运算符说明

运算符	名称	使用形式	含义
+=	加赋值	a += b	a = a + b
—=	减赋值	a—=b	a = a−b
*=	乘赋值	a * = b	a = a * b
/=	除赋值	a /= b	a = a / b
%=	模赋值	a %= b	a = a % b
&=	位与赋值	a &= b	a = a & b
|=	位或赋值	a |= b	a = a | b
>>=	右移赋值	a >>= b	a = a >> b
<<=	左移赋值	a <<= b	a = a << b
^=	异或赋值	a ^= b	a = a ^ b

3. 关系运算符

关系运算符是双目运算符,用于比较两个变量、数值或其他类型对象之间的关系,返回一个表示运算结果的布尔类型值。关系运算符用于关系表达式,通常用在条件语句中作为判断依据。当运算符对应关系成立时,运算结果为 true,反之为 false。C♯中关系运算符的说明及实例如表 4-3 所示。

表4-3 C♯关系运算符说明

运算符	功能	操作数类型	示例	运算结果
==	比较是否相等	基本数据类型、引用型	a == a	true
!=	比较是否不相等	基本数据类型、引用型	a != a	false
>	比较是否大于	整型、浮点型、字符型	4 > 5	false
<	比较是否小于	整型、浮点型、字符型	4 < 5	true
>=	比较是否大于或等于	整型、浮点型、字符型	'a' >= 'b'	false
<=	比较是否小于或等于	整型、浮点型、字符型	'a' <= 'a'	true

4. 逻辑运算符

逻辑运算符用于逻辑表达式,主要用于对布尔值进行比较运算,返回结果仍为布尔值。C♯的逻辑运算符与用法如表4-4所示,其中"&&""||"为双目运算符,通常联结关系表达式,"!"为单目运算符。

表4-4 C♯逻辑运算符说明

运算符	功能	使用形式
&&	逻辑与	a && b
||	逻辑或	a || b
!	逻辑非	! a

逻辑运算符通常是对关系表达式的逻辑关系进行比较运算,其运算规则如表4-5所示。

表4-5 C♯逻辑运算规则

表达式1	表达式2	表达式1&&表达式2	表达式1||表达式2	!表达式1
true	true	true	true	false
false	false	false	false	true
true	false	false	true	false
false	true	false	true	true

除了以上四种类型的运算符之外,C♯还有位运算符、移位运算符、条件运算符等。例如位运算符包括"&"(位与运算)、"|"(位或运算)、"^"(位异或运算)、"~"(取反运算)。由于这几类运算符在Unity中相对应用较少,此处不作详细介绍。

4.2.5 流程控制语句

在编程中,经常会遇到需要计算机做出判断再决定是否继续执行、如何继续执行的情况,或是一些更加复杂的非线性运算流程,此时就需要使用流程控制语句实现。

C♯中的流程控制语句与其他计算机语言基本相同,主要包括选择结构、循环结构。选择结构用if系列语句、switch语句实现,循环结构用while系列语句、for语句、foreach语句实现。下面分别讲解。

1. 选择结构语句

选择结构语句包括 if、if…else、if…else if…else、switch 语句。由于三种形式的 if 语句原理基本相似,此处主要介绍 if…else 和 switch 语句。

(1) if…else 语句

if…else 语句用于实现二选一的流程控制,其语法格式如下:

```
if(表达式)
{
    语句块 1;
}
else
{
    语句块 2;
}
```

当表达式运算结果为 true 时,执行语句块 1,否则,执行语句块 2。例如以下代码块的执行结果为输出"继续前行!"。

```
bool forward = true;
// Start is called before the first frame update
void Start()
{
    if (forward)
    {
        Debug.Log("继续前进!");
    }
    else
    {
        Debug.Log("等待中…");
    }
}
```

(2) switch 语句

switch 语句是多分支条件判断语句,其根据判断参数的值决定程序执行哪一组分支语句。语法格式如下:

```
switch(判断参数)
{
    case 常量值 1:
        语句块 1
        break;
    case 常量值 2:
        语句块 2
        break;
    …
```

```
case 常量值 n:
    语句块 n
    break;
default:
    语句块 n+1;
    break;
}
```

判断参数必须为整数、字符、字符串、布尔型、枚举类型中的一种；每个 case 关键字后的常量值各不相同，当与判断参数相等时，则执行相应的分支语句块，并执行 break 语句跳出 switch 结构；如果 case 后的常量值都不匹配，则执行 default 关键字后的语句块和 break 语句。

2. 循环结构语句

循环结构语句包括 while、do…while、for 三种语句，这里主要介绍 while 和 for 语句。

（1）while 循环

while 语句用于实现"当……"型循环结构，其语法格式如下：

```
while(表达式)
{
    语句块
}
```

while 关键字后括号内的表达式通常是一个关系表达式或逻辑表达式，运算结果为 true 或 false。运行规则为：首先计算表达式的值，若为 true，则执行大括号内的语句块，直到表达式的值为 false，则跳出循环结构。例如：

```
int distance = 100;
// Start is called before the first frame update
void Start()
{
    while(distance > 0)
    {
        Debug.LogFormat("距离终点还有{0}米!", distance);
        distance -= 20 ;
    }
}
```

以上代码在 Unity 编辑器中 Console（控制台）的输出结果如图 4-6 所示。

（2）for 循环

for 循环是 C♯中最常用、最灵活的一种循环语句，既能用于已知循环次数的情况，也能用于未知循环次数的情况。其语法格式如下：

```
for(表达式 1; 表达式 2; 表达式 3)
{
    语句组
}
```

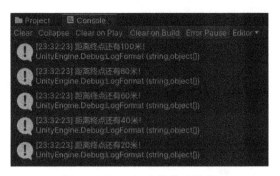

图 4-6 Console 中的输出结果

for 循环的执行过程为:首先计算表达式 1;其次计算表达式 2(表达式 2 通常为条件表达式),若表达式 2 的值为 true,则执行循环体内的语句组;执行表达式 3;求解表达式 2,若为 true,继续执行循环体语句组;以此类推,直到表达式 2 的值为 false,则不再执行循环语句组,跳出 for 循环结构。

4.2.6 面向对象程序设计

面向对象程序设计(Object Oriented Programming,OOP)是目前软件开发领域的主流技术,它将数据和对数据的操作视为一个不可分割的整体,力求将现实问题简单化。与面向过程程序设计相比,面向对象更加符合人们的思维习惯,同时也能提高软件开发的效率和安全性,并便于后期维护和迭代优化。面向对象编程具有三大基本特征:封装性、继承性、多态性。

"类"(Class)和"对象"(Object)是面向对象编程中的两个核心概念。具有相同属性和行为的一类实体被称为类,类是封装某种事物的属性和行为的载体。例如,"计算机"类封装了所有类别计算机的共同属性和可以产生的行为。对象是类抽象出的实例,例如,"平板电脑""MR 眼镜"都是计算机类可以抽象出的实例。

例如,使用类和对象表现计算机和平板电脑的关系。创建一个电脑类 Computer,其中有表示屏幕的字段变量 screen 和开机方法 Startup()。Computer 类有一个子类 Pad,除了和 Computer 类具有相同的 screen 字段和 Startup()方法外,Pad 类还有电池字段 battery。代码如下:

```
class Computer                                    // 父类:电脑
{
    public string screen = "液晶显示屏";          // 属性:屏幕
    public void Startup()
    {                                             // 方法:开机
        Console.WriteLine("电脑正在开机,请等待...");
    }
}
class Pad : Computer
{                                                 // 子类:平板电脑
    public string battery = "5000 毫安电池";      // 平板电脑的属性:电池
}
```

关于类和对象的内容较多，由于篇幅有限，此处不作过多讲解。读者朋友们可借助于微软公司的 C♯ 官方网站进行拓展学习。

4.3　Unity C♯ 的常用功能

本节主要讲解 Unity 中 C♯ 脚本的常用类、属性与方法等内容。

4.3.1　MonoBehavior 类

在 Unity 游戏引擎中，所有的脚本都派生自 MonoBehavior 类。一个脚本想要成为组件，必须显式地继承 MonoBehavior 类。在脚本继承了 MonoBehavior 类之后，就可以在 Unity 编辑器的 Inspector 面板中设置其公有属性的参数。例如，新建名为"Controller"的脚本，并在 Visual Studio 中编写以下内容：

```
using System.Collections;
using System.Collections.Generic;
using UnityEngine;

public class Controller : MonoBehaviour
{
    public string str;
    public Vector3 vector3;
    public Color color;
    public GameObject go;
    public float fl;

    // Start is called before the first frame update
    void Start()
    {

    }

    // Update is called once per frame
    void Update()
    {

    }
}
```

将该脚本拖至一个游戏对象上，则 Inspector 面板中会添加"Controller（Script）"组件，并且显示出 Controller 类中的公共字段，如图 4-7 所示。用户可以在面板中对其中的参数进行可视化设置。

图 4-7　Controller 脚本组件

4.3.2　Transform 组件及 transform 属性

游戏对象的位置、角度和大小是常用参数，可用 transform 属性进行设置，等同于 Inspector 面板中 Transform 组件的值。

例如，对于游戏对象的位置，设置对象的 transform.position 属性即可，代码如下：

```
this.transform.position = new Vector3(1f, 2f, 3f);
```

单击 Unity 工具条中的 Play 按钮，可以看到游戏对象位置发生相应变化，并等同于 Transform 组件中的 Position 值，如图 4-8 所示。

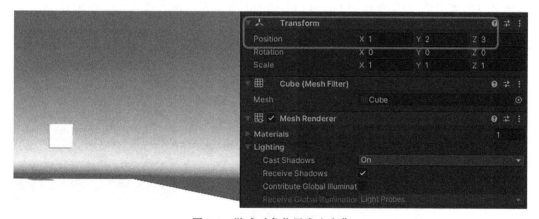

图 4-8　游戏对象位置发生变化

此外，还可以设置游戏对象的角度（eulerAngles）、缩放（localScale）等参数，使用方法分别如下：

```
transform.eulerAngles = new Vector3(50f, 10f, 30f);
transform.localScale = new Vector3(2f, 3f, 4f);
```

运行结果如图 4-9 所示。

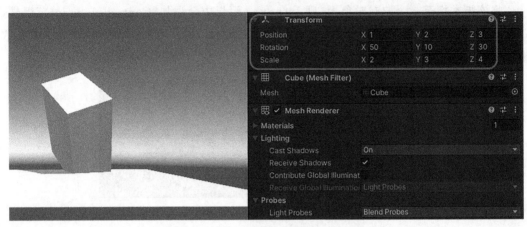

图 4-9　游戏对象的角度和缩放发生变化

4.3.3　GameObject 类

GameObject 是 Unity 场景中所有实体的基类，其实例属性、构造方法、实例方法、静态方法可用于设置游戏对象的外观及其功能。例如，启用或禁用游戏对象是其中最为常用的方法之一。代码格式如下：

```
gameObject.SetActive(false);
```

SetActive()方法等效于在编辑器中设置游戏对象的启用/禁用选项。当实参值为 true 时，游戏对象被启用；当实参值为 false 时，游戏对象被禁用。运行效果如图 4-10 所示。

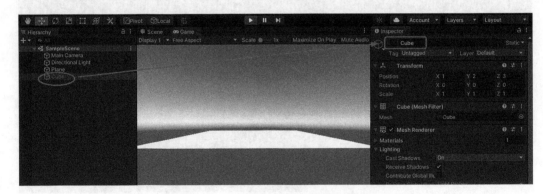

图 4-10　SecActive()方法的运行效果

4.3.4　常用事件

下面介绍一些 Unity C♯ 中的常用事件。

1. 必然事件

Unity 中的必然事件也称为脚本生命周期，是指 Unity 脚本在被唤醒到销毁的过程中，满足某种条件时 Unity 自动调用的方法。

（1）Update()方法

Update()方法在每帧都会被调用一次,用于更新游戏场景和状态(和物理状态有关的更新应放在 FixedUpdate()方法中)。

（2）Start()方法

Start()方法在 Update()方法第一次运行之前被调用,用于游戏对象的初始化。

（3）Awake()方法

Awake()方法于脚本实例被创建时调用,常用于游戏对象的初始化,其执行早于所有脚本的 Start()方法。

（4）FixedUpdate()方法

FixedUpdate()方法于每个固定物理时间间隔调用一次,用于物理状态的更新。

（5）LateUpdate()方法

LateUpdate()方法于每帧调用一次(在 Update()方法被调用之后),用于更新游戏场景和状态,和相机有关的更新一般放在这里。

2. 常用的事件响应方法

（1）OnEnable()方法

OnEnable()方法于对象被启用(Enable)或激活状态(Active)时调用。例如,当一个关卡被加载时,或一个带有脚本组件的游戏对象被实例化时。

（2）OnDisable()方法

OnDisable()方法于对象被禁用(Disable)或取消激活(Inactive)时被调用。

（3）OnMouseUp()方法

OnMouseUp()方法于鼠标按键释放时调用。

（4）OnTriggerEnter

OnTriggerEnter()方法当其他碰撞体进入触发器时调用。

4.3.5 Destroy()方法

Destroy()方法用来删除一个游戏对象或组件。当传入参数的类型是游戏对象时,将删除该游戏对象;当传入参数的类型是非游戏对象时,将删除该组件。

4.3.6 获取指定游戏对象

在 Unity 中,有多种方法可以获取游戏对象,其中最常用的是以下两种。

1. 定义 public 类型的字段变量

格式如下:

```
public GameObject obj;
```

然后在 Unity 编辑器中,将对应的游戏对象拖拽到 obj 插槽中,即可完成赋值操作。

2. 调用 GameObject.Find()方法

GameObject.Find()方法可以在当前场景中寻找特定的游戏对象,例如:

```
var sphere1 = GameObject.Find("Player");
```

这条语句的作用是在当前场景中寻找名为"Player"的游戏对象。如果有多个,则返回第一个。若游戏对象被禁用,则不在查找范围内。

此外,还可以调用 transform.Find()方法、FindWithTag()方法来查找游戏对象。

4.3.7 获取指定组件

获取指定组件的方法与获取指定游戏对象类似,主要有以下三种方法。

1. 定义 public 类型的字段变量

此种方法的使用例如:

```
public Camera cam;
```

将包含对应组件的游戏对象拖到 cam 插槽中,即可完成赋值。

2. 调用 GetComponent()方法

此种方法的使用例如:

```
var audio = GetComponent<AudioSource>();
```

这条语句可以从指定的 Transform 对象中获取组件,如果没有具体指定,则在脚本的当前游戏对象下获取组件。

3. 调用 FindObjectOfType()方法

此种方法的使用例如:

```
var canvas = FindObjectOfType<canvas>();
```

此方法是从当前场景中获取指定类型的组件。因为每个组件都对应具体的游戏对象,所以这种方法也可以用于获取拥有特定组件的游戏对象。

4.4 综合实例:制作"超级跑酷"小游戏

4.4.1 项目制作背景

综合实例:制作"超级跑酷"小游戏

"跑酷"以日常生活的环境作为运动场所,通常被归类为一种极限运动。它没有既定规则,做跑酷运动的人将各种日常设施当做障碍物或辅助,在其间迅速跑跳穿行。跑酷旨在紧急脱逃,利用人的本能,通过运动来增强身心对紧急情况的应变能力。近年来陆续出现不少以跑酷为灵感和主题的数字游戏,其玩法类似于现实中的"跑酷",玩家需要对前进路面上的障碍物做出规避等反应,例如躲避树枝、飞越栏杆、跑上围墙等,从而实现游戏的胜利。经典的跑酷游戏如《地铁跑酷》系列(图 4-11)、《我的世界》跑酷系列、《汤姆猫跑酷》(图 4-12)等。

图 4-11　《地铁跑酷》系列游戏

图 4-12　《汤姆猫跑酷》游戏

4.4.2　项目学习目标

本节我们以跑酷游戏为例,使用 Unity 制作一款"超级跑酷"小游戏。通过此游戏的制作过程,读者朋友们可以对 Unity 的基本功能、工作原理有初步了解和掌握。游戏场景如图 4-13所示。

图 4-13　"超级跑酷"游戏场景

1.“超级跑酷”的游戏规则

“超级跑酷”的游戏规则如下：

(1) 小球自主前行，玩家可以通过 A、D 键或左(←)、右(→)箭头控制小球的左右移动。

(2) 小球碰到障碍物，或掉下跑道后，游戏结束。

(3) 若小球没有碰到障碍物或掉落，则成功通关，并显示通关 UI。

(4) 按“R”键可以重玩游戏。

2.项目知识要点

本项目的知识要点主要包括：

(1) Unity 场景的搭建。

(2) Player(即小球)的移动控制，主要使用 Transform.Translate()方法、Input.GetAxis()方法。

(3) Barrier(即关卡)的触发，主要使用 OnTriggerEnter()方法。

(4) Success(即终点)的除法，原理同(3)。

(5) UI 的隐藏与显示。

(6) 背景音乐的播放。

4.4.3 主要制作步骤

“超级跑酷”小游戏的制作步骤如下：

1.场景搭建

由于本项目旨在展示 Unity 制作游戏的综合应用方法，因此在场景搭建上没有太多修饰，以轻量化和简易为主。游戏对象主要包括两种：Cube 和 Sphere。由于障碍物会多次在场景中运用，所以可将其制作为预制体。方法是在 Project 面板中新建 Prefabs 文件夹，然后将游戏对象 Cube 拖至其中，并更名为“Barrier”。预制体的好处是可以把修改结果直接自动运用到所有对其的引用中，而不用多次反复修改，如图 4-14 所示。

图 4-14　制作 Barrier 预制体

为了适当增加场景的美观性,可以将 Skybox(天空盒)更换成自己喜欢的样式。方法如下:

(1)导入天空盒资源包。Unity 的 Asset Store 中提供了大量的 Skybox 资源,读者可根据需要下载使用。

(2)在菜单栏中选择【Window】|【Rendering】|【Lighting】,在面板中选择 Environment 选项卡,单击 Skybox Material 选项后的圆形按钮,选择一个天空盒材质,如图 4-15 所示。

图 4-15　选择天空盒材质

2. 制作小球的移动控制

新建脚本"PlayerController.cs",挂载到小球对象"Player"上,编写脚本代码如下:

```csharp
public float speed = 10;
public float turnSpeed = 4;

void Update()
{
    float x = Input.GetAxis("Horizontal");
    transform.Translate (x * turnSpeed * Time.deltaTime, 0, speed * Time.deltaTime);

    if(transform.position.x < - 4 || transform.position.x>4)
    {
        transform.Translate(0, - 10 * Time.deltaTime, 0);
    }
}
```

```
        if (transform.position.y < - 20)
        {
            Time.timeScale = 0;
        }
    }
```

在 Unity 的 C♯ 脚本中定义的 public 类型的字段变量,都可以在 Inspector 面板中显示,便于用户自行调整。因此上述代码加载到 Unity 之后,可以看见 Player 对象的 Player-Controller 组件中会显示出 speed 和 turnSpeed 两个变量。当用户按下 A 键或向左箭头时,Input.GetAxis()方法的返回值为−1,当按下 D 键或向右剪头时,此方法的返回值为 1。上述 Update()方法包括两方面作用:一是根据用户输入的按键,实现小球向左或向右移动;二是实现当小球超出跑道边界时的自然下落;三是当小球的纵向位置低于−20 时,游戏中止。

3. 关卡的触发

在这个游戏中,判断物体之间是否发生了触碰非常重要,这也是大部分游戏都需要用到的功能。在 Unity 中,使用触发器结合 OnTriggerEnter()方法可以很方便地实现碰撞检测。

选中障碍物"Barrier"的预制体,在其 Box Collider 中勾选选项"Is Trigger"。选中小球对象"Player",添加 Rigidbody(刚体)组件,勾选其中的"Is Kinematic"(动力学的)。

在 Barrier 预制体上新建脚本组件"Barrier",双击打开脚本。删除原有的 Update()方法,增加代码如下:

```
    private void OnTriggerEnter(Collider other)
    {
        if(other.name ==  "Player")
        {
            Time.timeScale = 0;
        }
    }
```

这段代码的作用是:当检测到有物体与 Barrier 发生触碰时,判断此物体的名称,如果为"Player"(即小球),则游戏中止。

4. Success(终点)的触发

当小球顺利避开所有障碍物且没有下坠,则游戏成功。如果不作任何设置,则小球会持续一直向前行,因此需要设置一个碰撞区域检测小球是否进入其中,如果小球触碰到此区域,则意味着游戏成功,同时在界面上显示成功的 UI。因此这里包括三部分:UI 的制作、终点检测区的制作、终点区的碰撞检测和 UI 的显示/隐藏。

(1) UI 的制作

在 Hierarchy 面板中单击右键,选择新建【UI】|【Panel】,然后在 Panel 上单击右键,选择新建【UI】|【Legacy】|【Text】。设置 Text 的 Width、Height 为 1000、500。在 Text 组件

的文本框中输入:恭喜！成功通关！调整字号(Font Size)为 56,设置 Alignment 为水平居中和垂直居中,如图 4-16 所示。

图 4-16　通关 UI 效果

(2) 终点检测区的制作

创建一个 Cube,更名为"Success",将 Scale 设置为:X=8, Y=1, Z=4。由于这个 Cube 仅是作为碰撞检测使用,不需要显示,所以将其 Mesh Renderer 组件取消勾选,即可设置为透明。

(3) 终点区的碰撞检测和 UI 的显示/隐藏

在此"Success"游戏对象上创建脚本"Success.cs",删除其中的 Start()和 Update()方法,编写脚本代码如下:

```
private void Start()
{
    GameObject canvas = GameObject.Find("Canvas");
    canvas.transform.Find("Panel").gameObject.SetActive(false);      // 通过 canvas.transform 获取子物体
}

private void OnTriggerEnter(Collider other)
{
    GameObject canvas = GameObject.Find("Canvas");
    canvas.transform.Find("Panel").gameObject.SetActive(true);
}
```

5. 添加背景音乐

一个完整的游戏通常需要背景音乐的辅助,用以烘托气氛和强调节奏。添加背景音乐的方法很简单,将音乐素材导入到项目之后,直接拖入 Hierarchy 面板中即可。

本章小结

本章主要详细讲解了 Unity C♯ 脚本编程,包括如何在 Unity 中创建与编辑 C♯ 脚本,尽量全面地讲解了 C♯ 的基本和关键语法,介绍了 Unity C♯ 脚本的常用方法,并通过一个综合实例"制作'超级跑酷'小游戏"讲解了 Unity 开发游戏的基本流程、主要方法,以及 C♯ 脚本编程的综合示例。

思考题与练习题

1. C♯ 语言具有几种流程控制语句,分别是哪些?
2. 在 Unity 中使用 C♯ 编写脚本时,如何获取指定的游戏对象?
3. 在 Unity 中,如何检测两个对象之间是否发生了触碰?

第二篇　AR应用设计与开发

第 5 章　AR 技术原理与设计技巧

本章重点
- AR 技术类型；
- AR 标识类型；
- 移动 AR 应用的设计技巧。

本章难点
- AR 硬件显示技术；
- 移动 AR 应用的设计技巧。

本章学时数
- 建议 2 学时。

学习本章目的和要求
- 了解 AR 技术类型；
- 理解 AR 硬件显示技术；
- 掌握 AR 标识类型；
- 理解和掌握移动 AR 应用的设计技巧。

5.1　AR 技术类型

AR 即增强现实（Augmented Reality），也被译为"扩增现实""实拟虚境"等，是指透过摄影机影像的位置及角度精算并加上图像分析技术，让屏幕上的虚拟世界能够与现实世界场景进行结合与互动的技术。

AR 应用实现的是对现实"增强"的各种效果，其技术原理简言之是"现实＋虚拟"的叠加，通过图像捕获组件（摄像头）扫描目标对象，进而在实景上进行虚拟对象的叠加——这是对于 AR 技术的最直观解释。对于开发人员而言，理解 AR 的技术原理有助于拓宽应用场景、并且更好地用于设计和开发中。

从技术手段和表现形式而言，主要可以将 AR 技术分为基于计算机视觉（Vision-based）、基于地理位置信息（LBS-based）两类。

5.1.1　基于计算机视觉的 AR

基于计算机视觉的 AR 是利用计算机视觉方法建立现实世界与屏幕之间的映射关系，使虚拟对象如同附着在真实物体上一样显示在屏幕上。从实现方式角度而言，可以分为两类。

1. 基于标识物的 AR（Marker-Based AR）

标识物（Marker）是在 AR 程序运行中用于扫描的对象，可以是图像、某种图形标识码或某个物体。此种技术的工作流程如下：

（1）确定一个现实环境中的平面

把事先准备好的标识物放到现实环境中的某个位置,通过设备的摄像头对其扫描,从而进行识别和形态评估,并确定其位置。

（2）建立模板坐标系和屏幕坐标系的映射关系

将模板坐标系(以标识物为中心原点的坐标系)旋转平移到摄像机坐标系,再从摄像机坐标系映射到屏幕坐标系。由此在屏幕上显示出的虚拟对象就能实现附着在标识物上的虚实结合的效果。

2. 无标识物的 AR(Marker-Less AR)

此种 AR 识别的原理与前一种基本相同,主要区别在于其可以使用任何具有足够特征点的物体作为平面基准,而不需要事先制作特殊的模板,从使用角度而言能够带给用户更加自由的体验。

在这种方法中,通过一系列算法对模板物体提取特征点,并记录或学习这些特征点。当摄像头扫描现实环境时,会提取场景中的特征点并与记录的模板物体的特征点进行对比。如果扫描到的特征点和模板特征点匹配数量超过阈值,则认为扫描到该模板,然后根据对应的特征点坐标估计摄像机外参矩阵,再根据外参矩阵进行图形绘制。

5.1.2　基于地理位置信息的 AR

基于地理位置信息的 AR 即"LBS＋AR"。LBS(Location Based Service)意为基于位置的服务,可以确定移动设备或用户所在的地理位置并提供与位置相关的服务。这种技术通过 GPS 获取用户的地理位置信息,然后从某个数据源(如 Google)获取该位置附近环境对象(如酒店、公园、学校等)的 POI(Point of information,可译为"信息点",每个 POI 包含四部分信息:名称、类别、经纬度、附近的酒店商铺等信息,可称为"导航地图信息")信息,再通过移动设备的电子指南针和加速度传感器获取用户移动设备的方向和倾斜角度,通过这些信息在现实场景中的平面基准上建立目标物体。"LBS＋AR"可以让用户在真实的世界里根据自己的地理位置体验到虚拟的互动以及服务。如诺基亚公司在 2011 年发布 AR 浏览器 Live View 升级版,能够利用手机摄像头取景器锁定用户的附近景观并显示,如地标、ATM、餐厅、酒吧、商店、公交车站等。界面效果如图 5-1 所示。

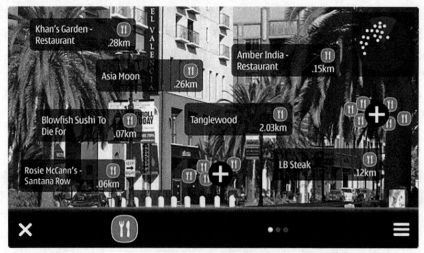

图 5-1　诺基亚 AR 浏览器 Live View

这种技术已经逐渐被用于多种 AR 应用中。如 AR 游戏《宝可梦 Go》(*Pokemon Go*)、网易手游《阴阳师》。再如一些互联网公司上线的"LBS＋AR"应用场景：淘宝 AR 实景红包、京东 AR 夜跑、百度地图、AR 导航等。

5.2　AR 硬件显示技术

AR 硬件设备组件包括处理器、显示器、传感器、输入组件等。例如智能手机、平板电脑这类移动设备已包含这些器件。要实现更加真实自然的增强效果，通常需要借助专用的 AR 硬件设备，如 AR 眼镜。

从技术角度而言，目前 AR 硬件显示主要使用基于光学的技术，是指利用光场技术描述空间中任意点在任意时间的光线强度、方向及波长。根据虚拟内容呈现位置的不同，可以将 AR 硬件显示技术分为基于视频(Video-Based)、基于光学(Optical-Based)、基于投影(Projection-Based)三大类。

5.2.1　基于影像的 AR

基于影像的 AR 系统让用户感觉到虚拟物体存在于某个场景中，可以在拍摄时从各个角度移动物体，然后根据用户视角的位置和方向选择合适的合成影像。这种 AR 显示技术通常是基于手持移动设备(如智能手机、平板电脑)的，由于其不需要用户额外购买设备，因此使用和开发门槛相对较低，也就成了目前最常见的 AR 呈现方式。这些移动设备的屏幕充当窗口或缩放器的作用，用于显示叠加虚拟信息后的画面。

目前，基于此类技术的 AR 应用占最大比例，如 AR 游戏 *Pokemon Go*、百度地图中的 AR 导航等。

5.2.2　基于光学的 AR

目前比较成熟的 AR 技术中的光学显示方案主要分为棱镜方案、birdbath 方案、自由曲面方案、全息透镜方案和波导方案。前三种方案都普遍存在一种矛盾，即视场角越大，光学镜片就越厚、体积越大，因此限制了其功能效果和用户体验，相对而言不太适用于在 AR 眼镜方面的应用。此处主要介绍全息透镜方案和波导方案。

全息透镜方案使用全息镜片独一无二的光学特性，其原理是将一个全息准直透镜(Hd)和一个简单的线性光栅(Hg)记录在同一个全息干板上，全息准直透镜将显示源发射出的光束准直为平面波，并衍射进基底以进行全内反射传输，同时线光栅将光束衍射进入人眼。这种方案具有大视场角、小体积的优点，但成像效果尚不完美。如 Noth 公司的 AR 眼镜采用了此种方案。

基于光波导技术的 AR 眼镜，由显示模组、波导、耦合器三部分组成。显示模组发出的光线被入耦合器件耦入光波导内，以全反射的形式向前传播，到达出耦合器件时被耦合出光波导后进入人眼成像。波导方案的显示原理如图 5-2 所示。

AR 眼镜的波导技术总体又分为几何波导方案、衍射光波导方案。由于光波导方案在清晰度、视场角、设备体积等方面皆具有一定优势，因此成为当前 AR 眼镜的主流光学显示方案，例如 HoloLens 系列、Magic Leap、谷东 AR 光波导模组 M3010 即使用的此类方案。

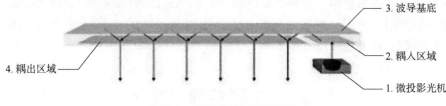

图 5-2　波导方案原理示意图

（图源：新浪 VR）

5.2.3　基于投影的 AR

此处介绍三种较为典型的应用于 AR 中的投影技术：视网膜投影技术、隐形眼镜增强技术、空间增强现实技术。

1. 视网膜投影技术

视网膜投影是指通过光线投影系统直接将光线射入人眼，通过大脑进一步处理形成虚拟图像，从而在人眼的视网膜上直接形成投射图像。此项技术由华盛顿大学人机界面技术实验室开发，也称为眼部激光器，有部分业内人士认为 AR 眼镜的最佳替代方案很可能是视网膜投影技术。目前已经有了使用此技术的商用级产品。日本激光半导体厂商 QD Laser 于 2018 年正式发售了视网膜投影 AR 眼镜 RETISSA Display，售价约 4 万人民币；并于 2019 年发布了第二代产品 Retissa Diplay II，如图 5-3 所示。

图 5-3　Retissa Diplay II 眼镜

近年来，视网膜投影相关技术逐渐发展。2022 年年初，苹果公司成功申请了一种基于视网膜投影和反射式全息组合器（Combiner）的 AR 方案，能够通过光学引擎将光线投射到用户眼中，并根据人眼视力调节入眼图像的分辨率和 FOV（视场角）。

2. 隐形眼镜增强技术

科幻小说和科幻电影里时常会出现这样的应用场景：主人公佩戴着智能隐形眼镜，用语音就能对系统发出指令，图像会直接投射到视网膜上，只有主人公自己能看到。如作品中所描述，无论是 AR 还是 VR 领域，几乎所有的科技巨头都在试图打造更加轻便的可穿戴式设备，以提升用户体验、支持用户长时间佩戴，隐形眼镜无疑是非常接近于理想目标的一种形式。如今，这样的愿景有望逐渐变成现实。

2022 年 4 月，美国 Mojo Vision 公司经过多年研发，发布了一款 AR 隐形眼镜 Mojo Lens 的原型机。这款隐形眼镜内部集成了运动感应加速器、陀螺仪、磁力计等传感器，运用了一系列计算技术,将信息投射在一个不到 0.5 mm 宽的六边形显示器上,像素大小约为红细胞的四分之一。这个"微型投影仪"也是一个微小的放大系统,通过光学方式扩展图像,使其分布在视网膜的更大范围内。如图 5-4 所示。另外,美国智能生物硬件公司 InWith 在 2022 拉斯维加斯消费电子展上展示了其 AR 隐形眼镜。据介绍,此款 AR 隐形眼镜镜片内嵌一圈金色线路和微电子原件,可与智能手机等外部设备配对,用户可以看到叠加在现实世界的虚拟信息。

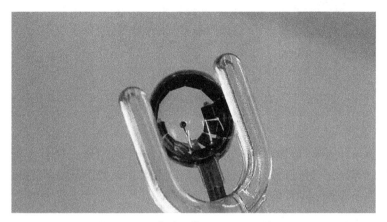

图 5-4　AR 隐形眼镜 Mojo Lens 原型机

3. 空间增强现实技术

SAR(Spatial Augmented Reality,空间增强现实)是指用户可以不佩戴任何设备,只用裸眼即可看到虚拟世界和真实世界的叠加。SAR 通常运用数字投影仪在物理对象上显示图形图像信息,将虚拟内容直接投影在现实世界中,SAR 系统架构如图 5-5 所示。

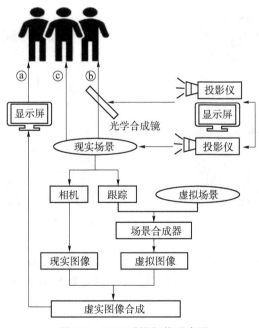

图 5-5　SAR 系统架构示意图

图 5-6　基于真实桌面的数字地图

任何物理表面,如墙体、桌面、泡沫、木块等都可作为交互式显示屏,如图 5-6 所示。随着投影技术的不断进步,SAR 也在快速发展。

2017 年,英特尔公司发布了一套 SARP(Spatial Augmented Reality Projector)系统,能够借助深度摄像头(如英特尔 Realsense3D 摄像头)自动实现虚拟世界和物理世界的坐标变换。英特尔同时设计了 SARP 的一些应用场景,如远程医疗、远程教育、娱乐领域等。

5.3　AR 标识类型

随着 AR 技术的发展,可识别的标识类型已经从简单的图像标识和自然特征发展到全空间视图网格。不同的 AR 开发 SDK 支持的标识类型并不完全相同,但图像、编码、物体这几类识别目标几乎是所有 AR 开发 SDK 所支持的。

5.3.1　黑白标识

黑白标识(Marker)是最基本的标识,是一种具有宽边界的简单标识。其优势在于很容易被软件识别,识别处理的运算量小,并且可以最大限度降低应用程序可能无法工作的风险,例如由于环境光照不一致等其他原因导致的无法工作。ARToolKit 可以识别和追踪一个黑白的标记,并在黑白标记上显示 3D 图像,其黑白标识实例如图 5-7 所示,识别标识显示虚拟对象的效果如图 5-8 所示。

图 5-7　ARToolKit 的黑白标识示例

图 5-8　ARToolKit 识别标识显示虚拟对象的示例效果

用户可以按照需求制作个性化的 ARToolKit 黑白图 Marker,需要符合以下基本要求:(1) 必须是方形;(2) 边缘必须是连续的;(3) 必须具有旋转不对称性。

5.3.2　AR 码

除了黑白标识之外,还可以使用多种类型的二维码作为 AR 标识。例如 Vuforia 的

VuMark,是一种新型的 Vuforia 识别目标,既可以存储编码数据,也可以初始化 AR 体验。VuMark 示例如图 5-9 所示。用户可以根据需求定制 VuMark,例如:企业可以定制一个能够体现公司品牌 Logo 的 VuMark,将其附加到产品上,当用户扫描 VuMark 时会看到增强内容如使用说明等。

图 5-9　VuMark 示例

(图源:Vuforia 官方网站)

VuMark 由五个主要组成部分:轮廓(contour)、边界(border)、空白区域(clear space)、编码/元素(code/elements)、背景/设计区(background/design area),如图 5-10 所示。由于篇幅有限,此处不赘述 VuMark 的结构原理和制作方法,感兴趣的读者可以参考 Vuforia 的官方介绍《VuMark 设计指南》(*VuMark Design Guide*)(https://library.vuforia.com/vumarks/vumark-design-guide)。

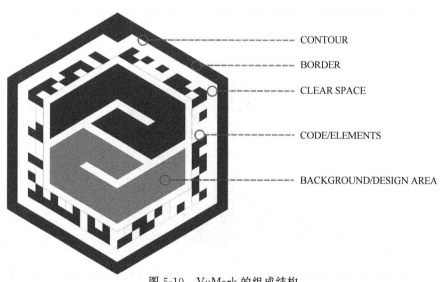

图 5-10　VuMark 的组成结构

(图源:Vuforia 官方网站)

5.3.3　图像标识

随着数字图像识别技术的发展和 AR 应用的普及,丰富多彩的图像逐渐成为主流识别标识。作为识别标识,图像比二维码更加富有意义性和趣味性,可以根据增强需求设计图像目标的视觉效果,与应用本身更容易建立主题和内容方面的联系,因而也更容易被推广。图像标识属于特征点跟踪(NFT)类别。AR 引擎对相机提取的自然特征与已知的目标资源数据库进行比较,检测和跟踪图像。一旦图像目标被检测到,AR 引擎就会追踪图像并使用图像追踪技术进行增强内容。识别图像增强内容效果如图 5-11 所示。

图 5-11　识别图像增强内容

(图源:Vuforia 官方网站)

5.3.4　多目标标识

多目标标识是将多个图像目标组合成为一个类似于盒子的集合排列。这允许从所有的面进行追踪和检测,能够服务于许多用例,如市场营销、包装业以及教学场景。由于多目标标识有一个与多目标原点相关的预定义姿态(pose),因此可以同时跟踪一个多目标标识的所有面。当多目标被跟踪时,它的任何子目标都能被检测到。多目标识别效果如图 5-12 所示。多目标的创建和管理方法可参考 Vuforia 官方网站(https://library.vuforia.com/objects/multi-targets)。

图 5-12　多目标识别效果图

(图源:Vuforia 官方网站)

5.3.5　文字识别

目前 AR 开发工具包能够识别的文字多数为英文,不能识别数字和中文。并且,默认能够识别的英文必须是工具包官方词库中的单词,如 Vuforia 词库中有约 10 万个单词。当然,用户可以自定义添加英文单词作为识别目标。AR 识别文字已经被用于教育、娱乐等领域,例如小熊尼奥推出的早教软件"AR 识汉字"是一款专为 3～8 岁儿童自主学习打造的识字智能软件,通过 AR 识别可以从汉字的字、词、音、义等多方面有效帮助儿童学习汉字。"AR 识汉字"运行界面如图 5-13 所示。

图 5-13　"AR 识汉字"运行界面

5.3.6　形状标识

一些常见的基本几何体也可以作为识别目标,如圆柱体、长方体。Vuforia 可以检测和跟踪圆柱体或锥形体的表面图像,能够跟踪圆柱体的侧面、顶部和底部。此类形状识别广泛用于消费品的 AR 营销方案中,如易拉罐、咖啡杯、马克杯、饮料瓶等都适合于作为识别目标。如图 5-14 所示。需注意的是,由于柱体目标在适度明亮和均匀照明的散射光照下识别效果最好,因此为了获得更好的用户体验,通常推荐应用于室内场景。

图 5-14　Vuforia 识别圆柱体显示模型

5.3.7　物体识别

多数 AR 开发工具都能根据物体形状识别和追踪现实世界中的特定对象,如 Vuforia、EasyAR。可以将很多种类的对象作为模型目标,从家用电器和玩具,到车辆、到大型工业设备甚至建筑地标。这种识别模式需要访问目标的三维模型数据,如三维 CAD 模型、用户原创模型或从第三方源、应用程序获得的模型。通常要求现实世界中的识别对象表面有丰富的纹理、具有稳定的表面特征(不支持光泽发亮的表面)。EasyAR 识别效果如图 5-15 所示。

图 5-15　EasyAR 识别物体显示模型

5.3.8　基于地理位置追踪

如 5.1.2 节中所介绍,AR 应用程序还可以使用设备的 GPS 传感器来识别其在环境中的位置,并可以对查看的内容进行标注。在 ARCore、ARKit 等开发包都提供了这一功能。例如 ARKit 的位置锚定(Location Anchor)允许用户将 AR 增强内容定位在特定的经度、纬度和高度,当使用位置锚定时,ARKit 会从云端下载设备周围的虚拟地图,并与设备的摄像头信号进行匹配。结合 GPS,ARKit 能够快速准确地定位用户在现实世界中的位置,从而基于现实环境添加虚拟的增强内容。图 5-16 是 ARKit 4 位置锚定功能的应用示例。它逐渐增加能够支持识别的位置信息,在最新的 ARKit 6 中增加了蒙特利尔、悉尼、新加坡、东京等城市的位置数据。

图 5-16　ARKit 4 位置锚定功能的应用示例

5.3.9　识别平面

这种识别方式以真实世界的任意平面作为识别目标进行追踪,包括真实的地面、桌面、墙壁等,进而在识别追踪的位置叠加 AR 增强内容。识别平面主要通过 SLAM(同步定位与地图构建)实现,不同的 AR 开发包能够根据各自使用技术提供解决方案。例如 HoloLens 开发 SDK 支持其原生的空间建图,使用深度感应技术;Vuforia 的智能地形(Smart Terrain)使用可见光摄像头,并采用摄影测量技术构建环境网格;ARKit 和 ARCore 使用摄像头并结合其他传感器数据来实现环境映射。

　　识别平面的应用范围同样很广泛,如用于室内设计、家具营销、零售业、建筑业等。宜家公司(IKEA)推出的一款 AR 软件 Ikea Place 主要使用的就是基于平面的识别方式,能够帮助用户直观地查看心仪的家具在真实环境中的实际摆放效果,为挑选商品、远程购物带来了很大方便,如图 5-17 所示。

图 5-17　宜家 Ikea Place 软件的 AR 识别效果

5.4　AR 应用设计技巧

　　目前,HoloLens、MagicLeap 这类可穿戴式 AR 眼镜能够给用户带来更好的体验,但其技术还不够完全成熟,并且价格相对高昂、难以快速普及,因此手持式 AR 设备(即手机、平板电脑等)仍是目前体验 AR 的主要方式,移动 AR 也相应成为主流 AR 应用类型。

　　虽然移动应用的发展已经相对成熟,但 AR 移动应用仍是一种较新的形式。AR 的虚实结合特征不同于传统的移动应用,它不受矩形框的束缚,屏幕显示区域由用户自行控制。AR 应用给用户带来了一定的视觉冲击和新奇体验,与此同时也产生了相关挑战,即:如何从视觉、功能等方面对 AR 移动应用进行良好的设计与开发?

　　与传统移动应用项目相比,AR 移动应用主要带来了以下挑战:用户需要手持移动设备如手机或平板电脑以使用 AR 应用,这会至少占用用户的一只手;用户在使用 AR 应用时通常需要移动,无论是用户自身的走动,还是仅仅移动手机;暂时没有适用于移动端的非常成熟的空间手势交互解决方案。因此在设计 AR 移动应用时需要结合这些要点,充分考虑多方面的需求,将 AR 技术特征和用户使用习惯加入设计原则中。以用户为中心的 AR 移动应用设计也相应成为当前 AR 领域的研究热点之一。在现有的移动设备环境下,AR 应用的设计主要可以参考以下技巧。

5.4.1　虚实相联

AR 识别有多种方式,在如今的商业应用中也充分运用,其中以图像标识、编码标识、表面标识、地理位置标识这几种方式最为常用,也用于多个领域中。无论使用何种识别方式,一个良好的 AR 移动应用应该能够做到"虚实相联",这个"联"主要指主题、内容上的联系,意即显示的虚拟增强内容应该和识别目标在主题或内容上具有一定的关联性,不是毫无意义的"增强"。例如,在早教类 AR 应用中,用户扫描一张猫咪的图片会在屏幕上显示一只虚拟小猫,并会做出跑、跳等动作,同时发出喵喵叫声,而不是出现其他种类的动物或者无关的虚拟内容。

5.4.2　增强有益

如果说"虚实相联"是对虚拟内容和真实环境两者之间的要求,那么"增强有益"则是对虚实相融的整体要求,即虚实相融整体效果是有价值的,无论是教育价值、营销价值还是艺术价值、娱乐价值,而不是冗余的、无意义的。例如 2022 年《故宫日历》中引入了 AR 技术,用户扫描日历中指定的页面图像,就会出现相关联的 AR 动画,例如扫描封面会出现 2022年生肖老虎腾飞的虚拟动画,扫描每个月份的文物 AR 标识会出现文物模型、可 360°观赏,如图 5-18 所示。这种 AR 识别兼具知识普及、娱乐、营销等多重功能。

图 5-18　扫描《2022 年故宫日历》AR 标识出现文物模型

反之,如果一个 AR 应用的功能是:扫描桌面,在屏幕上出现一个虚拟电视机,让用户通过手机屏幕观看虚拟电视上播放的影视内容,则显得意义不足。因为用户可以在手机或电视机等设备上直接观看影视,而无须这样既要手持、还只能观看"画中画"。

5.4.3　操作引导

AR 对于很多用户而言是新鲜事物,在初次使用时面对应用界面很可能会觉得无从下手,因此需要提供简洁有效的操作引导,帮助用户快速适应和掌握 AR 应用的使用方法。AR 应用中的引导不能简单地用一个文字页面进行传达,而是应该充分考虑用户体验,以图示、文字相结合(必要时还可结合动画、语音方式),给用户更加直观形象的引导。除了帮助用户与虚拟对象进行顺畅的交互之外,还要告诉用户可以在何处放置虚拟对象,例如当用户移动手机时,清晰地提供即时反馈表明已经成功检测到平面。"神奇 AR"APP 中的操作引导就是以图文方式简要展示,如图 5-19 所示。

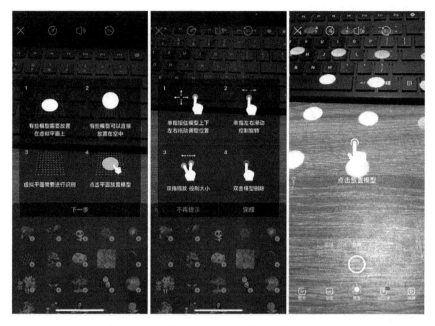

图 5-19　"神奇 AR"APP 中的操作引导

　　需注意的是,在进行操作引导时应尽量避免使用过于专业化的名称,如"视场角"可以用更加通俗化的"视野"替代,更无须将"SLAM"之类的技术用语放入。因为对于大众用户而言,更多的是希望对 AR 应用快速上手并从中获得乐趣,而不是花费额外时间去了解专业术语的指代意义或探究其背后的原理。这也是用户体验设计中的一个重要通用准则。

5.4.4　界面元素

　　基于 AR 的 UI 设计是设计学中的一个新兴关注点。总体而言,在 AR 的 UI 设计中更加倾向于简洁式的界面,并且尽可能沿用用户已有的移动设备使用习惯。主要体现在以下方面:(1)一些常用的特定操作(如点按、拖动)存在标准的用户体验互动模型,因此建议使用标准模型。用户不必通过全新操作方法来执行简单的任务,而且能够直接体验 AR 应用的核心部分。(2)同时支持纵向和横向模式。对于这两种模式的支持能够便于打造更加沉浸式的体验,给用户更加自由的使用感。

5.4.5　安全舒适

　　有时用户可能会沉浸在 AR 体验中,例如在玩 AR 游戏时。当用户专注于手机摄像头或屏幕上虚实融合画面时,就会暂时忽略现实世界,从而会不小心碰到旁边的人或物品,甚至会忽略可能存在于环境中的危险元素。因此在设计移动 AR 应用时,还需思考应在何处吸引用户注意、添加环顾四周的提醒等。

　　在 AR 应用设计的安全舒适性方面,例如 ARCore 给出了以下建议。

1. 不要让用户后退

　　不要让用户在使用 AR 应用时需要后退,是因为用户向后移动时,不慎撞到家具、小动物或其他物体的可能性会增大,也会产生绊倒等危险。

2. 避免用户长时间玩 AR 游戏

避免用户长时间玩 AR 游戏,是从人因健康角度出发的考虑因素,因为长时间使用 AR 会令人在视觉、脑力、体力方面都感觉疲劳,因此需要在 AR 应用设计中进行休息提示或直接添加休息点。

3. 允许用户暂停或保存进度

允许用户暂停或保存进度,是在前一条基础之上的补充。一方面是为了人因健康的原则;另一方面是为了给 AR 体验增加一定的灵活性,譬如用户即使改变了在现实世界中的位置,也能轻松继续他们之前的 AR 体验。

5.4.6 鼓励探索

在设计较为传统的移动应用时,通常会在智能手机屏幕框架内进行绘制,但这种方法并不适用于 AR。因为 AR 内容是不限于屏幕的矩形框的,尽管用户透过手机屏幕去观赏和体验 AR,但此时的屏幕更像是一个"窗口",而窗口里的视野是可以让用户自由改变的。

在设计 AR 应用时,应该尽可能鼓励用户多移动手中的设备,在周围环境中进行更多的探索。

本章小结

本章主要讲解 AR 技术原理与设计技巧。介绍了 AR 技术类型,包括基于计算机视觉的 AR 和基于地理位置信息的 AR。讲解了 AR 硬件显示的三种技术:基于影像的 AR、基于光学的 AR、基于投影的 AR。全面介绍了 AR 标识类型,如黑白标识、图像标识、多目标标识等。详细讲解了 AR 应用设计技巧,包括虚实相联、增强有益、操作引导等。通过本章的学习,读者朋友们可以快速全面了解 AR 的技术与开发原理,并理解 AR 应用设计技巧,从而为更好地进行 AR 应用开发建立扎实基础。

思考题与练习题

1. AR 技术主要包括几种类型? 请分类简述。

2. 微软 HoloLens 采用的是何种 AR 硬件显示技术? 这种技术有什么优势?

3. 请列举现阶段的至少五种 AR 标识类型。

4. 请下载 2～3 个 AR 应用,分别进行体验,并从其使用的技术类型、用户体验等角度进行简析。

第6章 基于 Vuforia SDK 的 AR 应用开发

本章重点
- Vuforia SDK 的软件功能；
- Vuforia 的识别功能类型；
- Vuforia 的基本操作方法；
- 识别图片目标播放视频；
- 将 AR 项目打包为可执行文件。

本章难点
- Vuforia 的识别功能类型；
- 识别图片目标播放视频。

本章学时数
- 建议 2 学时。

学习本章目的和要求
- 了解 Vuforia SDK 的软件功能、类型、版本，以及 Vuforia 工具；
- 理解 Vuforia 的各类识别功能；
- 掌握 Vuforia 的基本操作方法；
- 掌握识别图片目标播放视频的方法与步骤；
- 掌握将 AR 项目打包为可执行文件的方法与步骤。

6.1 Vuforia SDK 概述

6.1.1 Vuforia 简介

Vuforia 的全称是 Vuforia Engine，最初是由高通公司推出的一款增强现实创作工具，也是在全球范围内最广泛运用的 AR 创作工具之一，支持大多数手机、平板电脑、头显等平台。开发者可以较为轻松地将增强的计算机视觉有效添加到安卓、iOS、UWP 应用，来创造对象与环境之间逼真交互的 AR 体验。2015 年 11 月，Vuforia 被 PTC 公司收购。PTC 接手后，在原有业务基础之上增推了 Vuforia Studio。目前，在全球有 100 多个国家的超过 400 000 名开发者使用 Vuforia 开发各类游戏和应用。Vuforia 支持目前主流的 AR、MR 设备，如微软公司的 HoloLens 系列、Epson BT-200、ODG R-7 等。

Vuforia 的优点是稳定性和兼容性较高，操作简单、容易上手，并且对于用户提供了非常全面的帮助和支持。在其官方网站 https://developer.vuforia.com，可以找到功能介绍与相关示例等信息，且更新及时。

例如，Vuforia 且对其 10.3 版本介绍的核心功能包括：模型目标、地面平面、图像目标、

VuMark、物体识别、圆柱体目标、多目标、即时图像目标、云识别、虚拟按钮等。同时，还提供了案例与可下载的识别图，如图 6-1 所示。

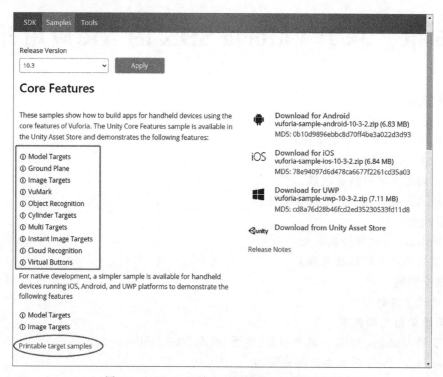

图 6-1　Vuforia 网站上对于功能的介绍和演示

6.1.2　软件类型和版本

Vuforia 不仅有基于 Unity 的版本，还有专门面向安卓、iOS、UWP、Lumin 的原生应用程序（独立客户端），如图 6-2 所示。在这些类型中，以面向 Unity 的插件类型最为常用。

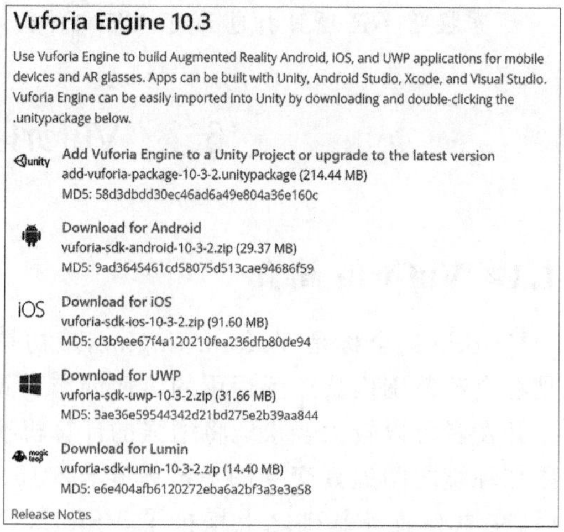

6.1.3　Vuforia 工具

为了让开发者更加方便地创建目标、管理目标数据库和进行测试，Vuforia 还提供了一系列的原生工具，并不断对这些工具进行增删、更新等调整迭代。最新的 Vuforia 工具包括三大类：Vuforia 桌面工具、

图 6-2　Vuforia 的不同类型版本

Vuforia App 和设备工具、Vuforia 外部工具。第一类是适用于 PC 端的应用程序，包括区域目标生成器（Area Target Generator）、模型目标生成器（Model Target Generator）。第二类是适用于移动端的 App，包括 Vuforia 创建器（Vuforia Creator）、Vuforia 区域目标创建器（Vuforia Area Target Creator）、区域目标测试 App（Area Target Test Application）、模型目

标测试 App(Model Target Test Application)。第三类是辅助生成工具,包括 Vuforia Vu-Mark 设计器(Vuforia VuMark Designer)。下面介绍其中几款。

Vuforia 创建器能够将用户的 3D 模型转换为 Vuforia 的数据集并测试目标。当需要扫描的 3D 模型体积不大时,可在手机或平板电脑上安装此 App,无需借助于专业的 3D 扫描仪即可将模型快速转换为 3D 数据。使用方式如图 6-3 所示。

图 6-3　Vuforia 创建器使用方式
(图源:Vuforia 官方网站)

Vuforia 区域目标创建器 APP 支持在带有 LiDAR(激光雷达)传感器的 iOS 设备上创建小型区域目标。只要几分钟的扫描,就可以从一个小型区域生成区域目标数据库,为增强此环境做准备。这可以用于工业、建筑业等场景,例如扫描车间内的固定设备,出现增强的操作指示等,如图 6-4 所示。

图 6-4　Vuforia 区域目标创建器操作界面
(图源:Vuforia 官方网站)

6.2 Vuforia 的识别功能

如前所述，Vuforia 支持对多种对象和空间的追踪和识别，这些追踪对象的类型与 5.3 节介绍的部分识别类型相同。Vuforia 将这些追踪对象分为图像、对象和环境三大类，其中分别包括具体的识别类型。本节介绍 Vuforia 的识别功能模块。

6.2.1 图像类型

图像（Image）是目前应用最为广泛的一类识别目标，随着 Vuforia 的发展迭代，其能够支持的图像标识类型越来越多且全面。

1. 图像目标

图像目标（Image Target）是最常用的识别类型之一，指将虚拟内容附加到平面图像上，例如用于广告宣传页、书本、产品包装等载体。

2. 多目标

多目标（Multi-Target）是指使用多个图像目标，并将它们排列成规则的几何形状（例如盒子），或将多个图像任意排列在平面上。

3. 圆柱体目标

圆柱体目标（Cylinder Target）能够识别包裹在圆柱体或相似形状的物体上的图像，例如易拉罐、咖啡杯等，如图 6-5 所示。

图 6-5　圆柱体识别对象

（图源：Vuforia 官方网站）

4. 云识别服务

云识别服务（Cloud Recognition Service）能够识别大量图像，并能频繁用新图像更新数据库。

5. VuMark

VuMark 是定制的标识，可以编码一系列数据格式。VuMark 支持 AR 应用程序的唯一识别和追踪。

6. 条形码扫描器

条形码扫描器（Barcode Scanner）能够从 AR 应用程序中检测各种条形码。

6.2.2　对象类型

Vuforia 的对象(Object)识别类型主要指具有三维属性的实体,称为模型目标(Model Target)。

模型目标允许开发者通过对已有的 3D 模型进行塑型建模,建立模型数据库,为识别此对象做准备。AR 扫描增强效果可以将虚拟内容放置在各种物品上,如家用电器、玩具、车辆、机器等。开发者可以预先使用 3D 扫描仪或 3D 制作软件对真实物体进行建模,也可以使用 Vuforia 提供的扫描软件 Vuforia 创建器方便快捷的建模。

6.2.3　环境类型

Vuforia 的环境(Environment)识别类型主要指存在于现实世界中的具有可定位特征的环境对象,如区域、地面。

1. 区域目标

区域目标(Area Target)指可以使用 3D 扫描仪或 Vuforia 区域目标创建器对真实环境进行扫描,作为增强目标。例如可以在各种公共、商业或娱乐场所中创建区域目标识别,以增强空间体验的丰富性和趣味性;也可以在工业、教育、商务等场景中进行这种识别,可以实现自动化指示、培训、演示等功能,如图 6-6 所示。

图 6-6　区域目标识别类型

(图源:Vuforia 官方网站)

2. 地平面

地平面(Ground Plane)指可以将虚拟内容放置在现实环境中的某个水平表面上,例如桌子、地板等。

6.3　Vuforia 基本操作方法

Vuforia 基本
操作方法

6.3.1　Vuforia 开发流程

总体而言,使用 Vuforia 的 AR 开发流程较为简洁。主要包括以下步骤模块:

（1）从 Vuforia 官网获取开发密钥（Development Key）。

（2）上传识别对象，生成数据库（Database）。Vuforia 支持识别对象的数据类型较为全面，包括图片、柱体、多目标、物体等。

（3）在 Unity 里新建项目，导入 Vuforia SDK。在 VuforiaConfiguration（Vuforia 配置）中输入（粘贴）获取到的 Key。

（4）从 Vuforia 官网下载 Database，并将其导入 Unity 项目中。

（5）创建 AR 相机、识别目标对象（如 Image Target），选择相应的 Database。

（6）添加要显示的模型对象。可以在 Unity 中直接创建，也可以将外部资源导入。

6.3.2 准备工作——获取 Key

要运用 Vuforia 进行开发，首先要做好准备工作，即从官网获取用于开发的密钥。以下是完整的操作流程。

1. 在 Vuforia 官网注册账号

（1）初次使用 Vuforia 的用户需要在官网注册一个账号。登录官网 https://developer.vuforia.com/，单击首页右上方的"Register"按钮，如图 6-7 所示，填写相应信息，即可注册账号。

图 6-7　Vuforia 网站的注册按钮

（2）使用账号登录之后，单击主页上方的"Develop"按钮，如图 6-8 所示，打开"License Manager"（许可证管理器）页面，在其中单击"Get Basic"按钮，以获得免费密钥，如图 6-9 所示。

图 6-8　Vuforia 网站的 Develop 选项

图 6-9　单击"Get Basic"按钮

（3）在新页面中输入 License 的自定义名称，勾选下方的承诺选项，再单击 Confirm 按钮，如图 6-10 所示。

（4）这样就成功创建了一个密钥，同时跳转到新页面，如图 6-11 所示。

此页面上包含了用户的密钥列表以及相关信息，包括名称、Primary UUID、类型、状态、修改日期。

（5）单击密钥名称，可以在新页面中看到其具体内容，如图 6-12 所示，其中红框内即为密钥内容。

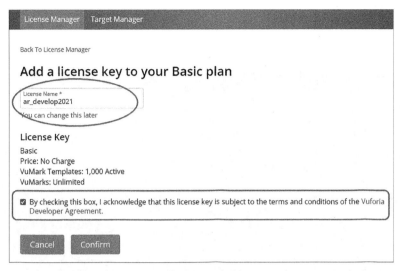

图 6-10　输入 License Name

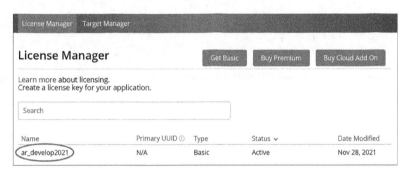

图 6-11　生成 License Key

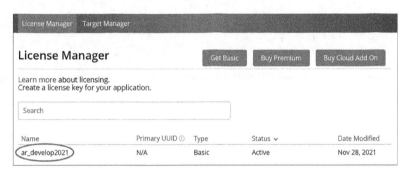

图 6-12　License Key 内容

6.3.3 导入 Vuforia SDK

首先,新建一个 3D 类型的 Unity 项目,自定义项目名称,如图 6-13 所示。

图 6-13 新建 Unity 3D 项目

在 Unity2018.1 及以后的版本中,增加了 Package Manager(包管理器)模块。要导入 Vuforia SDK 非常简单,只需打开 Package Manager,在其中搜索 Vuforia 即可。步骤如下:

(1) 在 Unity 中单击菜单栏中的【Window】|【Package Manager】,打开 Package Manager,如图 6-14 所示。

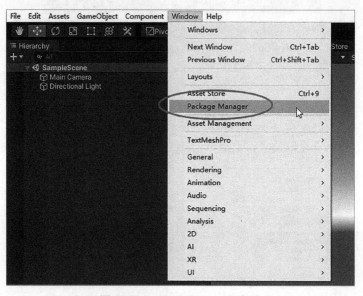

图 6-14 Package Manager 选项

（2）在 Package Manager 的"Unity Registry"分类（此面板左上角）中搜索 Vuforia，会显示出 Vuforia 的安装包，此处选择最新版本，单击右下角的 Install 按钮进行安装，如图 6-15 所示。

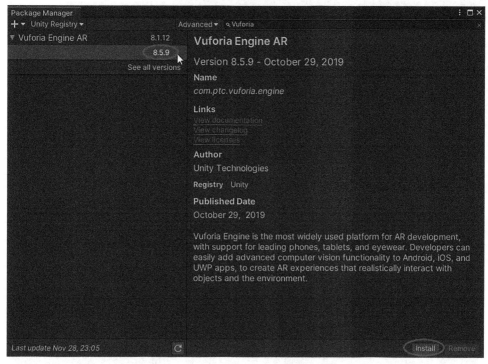

图 6-15　Vuforia 下载版本

需要说明的是，由于 Unity 的版本更新，在一些版本（例如 2021.3.x）的 Package Manager 中不能直接搜索出 Vuforia，需要先从 Asset Store 获取 Vuforia 资源包，再从 Package Manager 的"My Assets"分类中搜索和导入 Vuforia；或是从 Vuforia 官方网站下载最新的资源包，直接导入到 Unity 中。这里演示前一种方法。

在 Unity 中单击菜单栏【Window】|【Asset Store】，系统会自动打开网页浏览器并转到 Asset Store 网站，在其中搜索"Vuforia"，选择搜索结果中的"Vuforia Engine"，打开相应页面，可以查看关于此插件的概述、内容、版本等信息。单击"添加至我的资源"按钮，将其添加到个人的 Unity 资源库中，如图 6-16 所示。

回到 Unity 中，选择菜单【Windows】|【Package Manager】，单击左上角的下拉菜单，选择"My Assets"，并搜索"Vuforia"，然后在搜索结果中选择"Vuforia Engine"，单击右下角的"Download"，进行下载，如图 6-17 所示。再根据提示进行导入安装即可。

（3）安装完毕后，在 Window 菜单下会多出一栏 Vuforia Configuration 选项，单击之后会在 Inspector 面板中显示。在 App License Key 一栏将从官网复制的密钥粘贴进来，如图 6-18 所示。

图 6-16　从 Asset Store 获取 Vuforia Engine

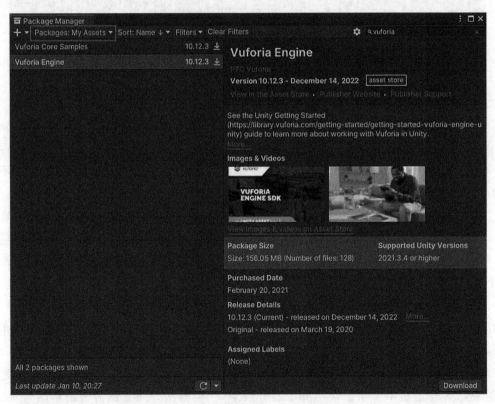

图 6-17　选择"My Assets"类型

图 6-18　粘贴 License Key

6.4　识别图片目标播放视频

识别图片目标播放视频是指将图形图像作为 AR 识别对象,然后在其上叠加播放预设视频的效果。这种识别方式可应用的范围较为广泛,例如高校的 AR 录取通知书,可以让新生扫描通知书上的页面或某部分图片,然后在移动设备上叠加播放带有欢迎辞、校园介绍等内容的视频。本节学习如何使用 Vuforia 结合 Unity 实现识别图片播放视频的功能。

6.4.1　项目背景

《鹊华秋色图》是元代画家赵孟頫于元贞元年(1295 年)创作的纸本水墨设色山水画,现藏于我国台湾省的台北故宫博物院。《鹊华秋色图》因其精湛的作画笔法、深远开阔的意境,成为我国山水画艺术之瑰宝。为了弘扬我国的优秀传统文化艺术,本例拟实现以下 AR 效果:扫描《鹊华秋色图》画面,在其上虚拟呈现出图声并茂的作品介绍视频。

6.4.2　准备素材

本例中主要用到图片和视频两种素材。图片素材可以从网络搜索并下载较为清晰的《鹊华秋色图》,如图 6-19 所示。

视频素材主要是关于《鹊华秋色图》的视频介绍,带有背景音乐。这里是在 Adobe After Effects 软件中预先制作好,文字层加入出场动画,增加一些动感,文字动画效果如图 6-20 所示。

识别图片目标播放视频－准备素材

由于制作视频的方法较为简单,此处不作讲解。读者朋友们可以参考此效果自行制作视频素材,整体文字和画面效果如图 6-21 所示。

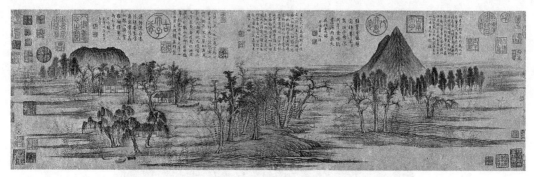

图 6-19 《鹊华秋色图》

（作者：［元］赵孟頫。图源：ARTPC.CN美术百科网）

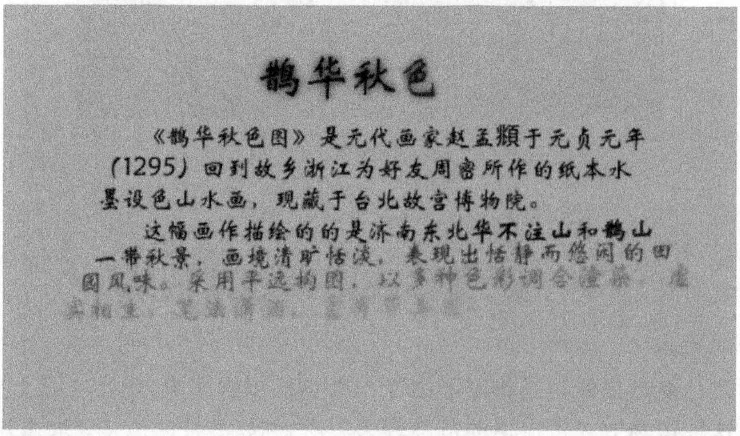

图 6-20 介绍视频动画效果

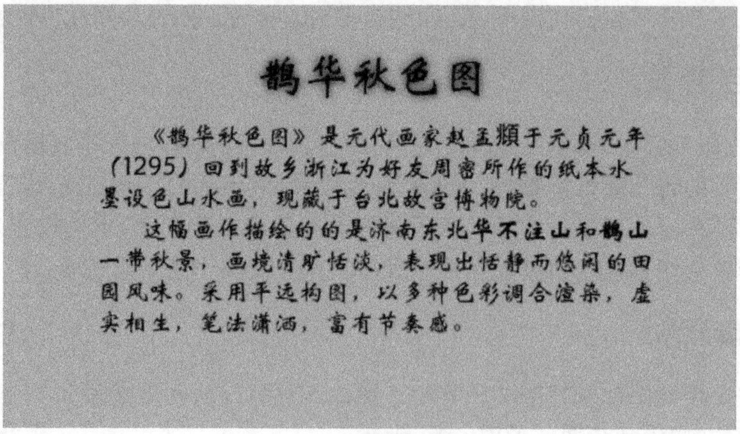

图 6-21 视频画面整体效果

6.4.3 准备工作

要让 Vuforia 能够识别目标图像，需将目标图像传入 Vuforia 的数据库，即上传至 Target Manager 中。在 Vuforia 网站中，单击导航栏中的

识别图片目标播放视频－方法步骤

"Develop",继而选择"Target Manager"(目标管理器),然后单击右侧的"Add Database"(添加数据库)按钮,如图 6-22 所示。

图 6-22　在 Vuforia 中添加数据库

在弹出的窗口中填写数据库的自定义名称,可以由英文字母、数字、破折号、下划线组成,不能有空格。如本例中输入"QueHuaTu"。"Type"保持默认的"Device"。

创建好之后,在当前目标管理器列表中则会添加此数据库,单击数据库名称,在打开的新页面中单击"Add Target"按钮,向其中添加目标,如图 6-23 所示。

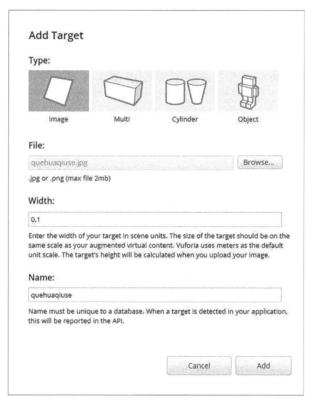

图 6-23　Add Target 界面

此外支持上传的目标类型有四种:Image(图像)、Multi(多目标)、Cylinder(圆柱体)、Object(物体)。此处选择"Image"。单击"Browse"按钮,从系统中选择目标图像文件,注意只能为.jpg 或.png 格式,并且不超过 2 MB。

在 Width 一栏中设置识别图像的实际宽度(即其呈现在物质世界中的实际宽度),单位为米(m)。例如:此处识别图为打印出的一张宽度为 15 cm 的卡片,因此输入 0.15。

Name 必须是数据库中的唯一名称。此处输入：quehuaqiuse。单击 Add 按钮。

上传之后，可以在当前页面中看到数据库的信息，包括目标名称、类型、评级（Rating）、状态、修改时间。评级最高为五颗星，高评级的目标图片具有以下特性：细节丰富、高对比度、无重复图案、格式正确。通常星级越高，表示目标图像的识别效率越高、识别效果越好，但也可以根据实际情况酌情处理。例如，本例中的素材原图直接上传，Rating 值为 2 颗星，这是由于图片宽高比较大，在一定程度上压缩了图片识别质量。如果截取图片中的一部分，宽高比约为 4：3，则可以提高 Rating 值。此处分别截取原图中左、右部分的画面"quehua1""quehua2"，与整幅图"quehuaqiuse"上传的识别 Rating 进行对比，如图 6-24 所示。

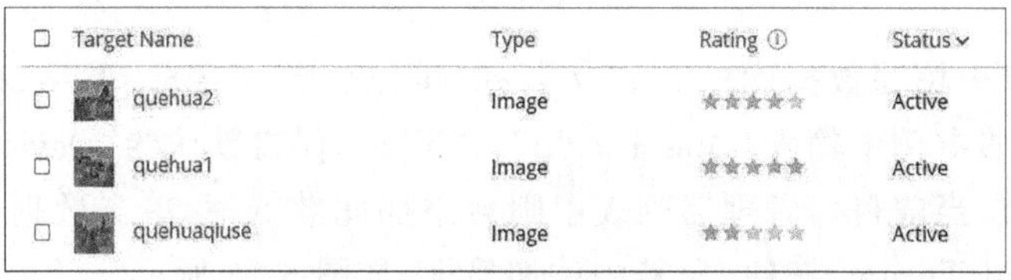

图 6-24　素材图片的识别效果

可以看到，局部图片的 Rating 分别高达 4 颗星、5 颗星。不过，尽管整张图片的 Rating 仅有 2 颗星，却并不影响实际识别效果。因此这里可以采用"quehuaqiuse"作为目标识别图。单击目标图像名称，可以打开其详细信息页面，查看其识别特征，后面的例子会进一步展示。

完成上传之后，勾选当前图片"quehuaqiuse"，单击"Download Datebase"按钮，下载目标图像的数据库，如图 6-25 所示。

图 6-25　下载选中的目标图像数据库

在弹出的"Download Database"对话框中，选择"Unity Editor"，如图 6-26 所示。

Download Database

1 of 3 active targets will be downloaded

Name:
QueHuaTu

Select a development platform:

○ Android Studio, Xcode or Visual Studio

◉ Unity Editor

[Cancel]　[Download]

图 6-26　选择 Unity Editor

6.4.4　在 Unity 中进行 AR 环境配置

按照 6.3 节中介绍的方法,首先在 Vuforia 网站中获取 License Key。然后在 Unity 中新建一个 3D 类型的项目,本例使用的是 Unity 2021.3.10 版本。将 License Key 复制粘贴到 Vuforia Configuration 中。

由于要建构是 AR 项目,所以场景中相应需要 AR 相机。在 Hierarchy 面板中单击右键,选择【Vuforia Engine】|【AR Camera】,新建一个 AR 相机。删除场景中原有的 Main Camera。

导入目标图像数据库。在 Assets 面板中单击右键,选择【Import Package】|【Custom Package】,选择之前下载的目标图像数据库 QueHuaTu.unitypackage 导入。在弹出的"Import Unity Package"对话框中,显示了 Vuforia 图像数据库的内容,包括图像文件和配置文件,如图 6-27 所示。

图 6-27　Import Unity Package 对话框

创建图像目标。在 Hierarchy 面板中单击右键,选择【Vuforia Engine】|【Image】,新建一个图像目标对象。在 Inspector 面板中的 Image Target Behaviour 组件中,设置参数如图 6-28 所示。

图 6-28　设置组件参数

当前场景中出现《鹊华秋色图》的图片,即为图像目标,如图 6-29 所示。

图 6-29　Unity 场景中的图像目标

6.4.5　添加增强内容

本例中希望在目标图像上增强的虚拟内容为视频,因此需要使用 Video Player 等组件。

在 Hierarchy 面板中,选中 Image Target 对象,在其名称上单击右键,选择【3D Object】|【Quad】,创建一个四边形。由于增强视频的大小为 720×576,比例为 1.25,因此调整其 Scale X、Y 的值也为此比例。并且将 Quad 拖至识别图上方靠后的位置,保持与识别图垂直。Transform 参数设置如图 6-30 所示。

导入视频素材"quehuaqiuse.mp4"。选中 Quad 对象,在 Inspector 面板中单击" Add Component",搜索" Video Player"组件并添加。将 Project 面板中的"quehuaqiuse.mp4"拖至 Video Player

图 6-30　设置 Transform 参数

组件的 Video Clip 后面的插槽中,成为视频播放内容,如图 6-31 所示。

图 6-31　设置 Video Clip

保存当前项目和场景,单击 Play 按钮进行测试。可以正常识别,并显示和自动播放视频,如图 6-32 所示。

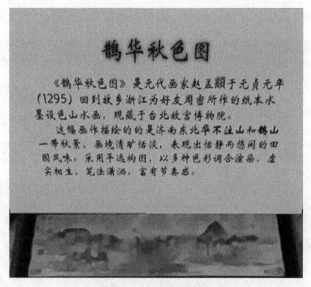

图 6-32　AR 识别效果

另外,如果希望在识别图像目标时,即使将目标移出摄像头视野,所要增强的内容仍然停留在屏幕上,可以打开 VuforiaConfiguration,在 Inspector 面板中找到 Device Tracker(设备追踪器)中的 Track Device Pose 选项,将其勾选,如图 6-33 所示。本例中不作勾选。

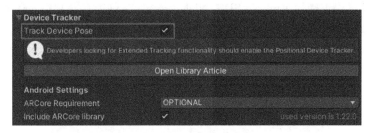

图 6-33　设置 Device Tracker

6.5　将 AR 项目打包为可执行文件

将 AR 项目打包
为可执行文件

Vuforia 项目支持 Android、iOS 等平台。本例中演示如何将 AR 项目打包为运行于 Android 平台的 App。

在 Unity 菜单栏中选择【File】|【Build Settings】,单击"Add Open Scenes",将 AR 场景添加到创建列表中。在 Platform 中选择"Android",单击面板下方的"Switch Platform"按钮,如图 6-34 所示。

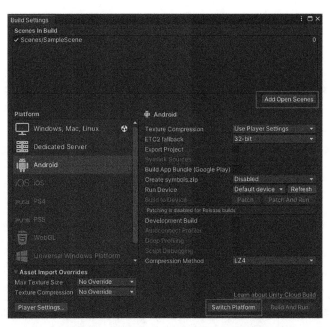

图 6-34　Build Settings 面板的初步设置

平台切换完成之后,单击面板左下角的"PlayerSettings"按钮,在 Player 选项卡中,设置以下参数:

（1）Company Name：更改为自定义名称，如"NancyAR"。

（2）Other Settings 选项组中的 Minimum API Level：在 Unity 2021.3.x 版本中，需设置 API level 最低为 26，此处选择 Android 8.1'Oreo'（API level 27）。

确保已经配置了正确的 Android SDK、NDK。若没有，则需在菜单【Edit】|【Preferences】中的 External Tools 进行设置。

连接 Android 设备，打开开发者模式，连接计算机。在 Unity 的 Build Settings 面板中，将"Run Device"选择为对应的 Android 设备型号。单击右下角的"Build And Run"按钮，即可打包输出到 Android 平台上并自动运行。在手机上运行画面如图 6-35 所示。

图 6-35　AR 项目在手机上的运行画面

本章小结

本章主要介绍了基于 Vuforia 的 AR 开发基础，包括 Vuforia 的用途、版本，Vuforia 的识别类型，使用 Vuforia 进行开发的基本操作方法。图片目标是其中最为常用的一种识别类型，本章通过实例详细讲解了如何实现识别图片目标播放视频的效果。此外，识别圆柱体等目标类型的方法与此相似，在 Vuforia 官方网站上也有相应介绍，读者朋友们可以根据需要自行拓展学习。

思考题与练习题

1. 使用 Vuforia 结合 Unity 进行 AR 开发的流程是怎样的？

2. Vuforia 的目标识别类型有哪些？

3. 请结合本章的教学内容，自行查阅 Vuforia 官方教程，实现识别圆柱体显示虚拟内容的效果。

第 7 章　基于 Vuforia 的 AR 综合应用开发

本章重点

- 综合实例：制作"AR 生日贺卡"；
- 识别图片播放模型动画；
- Vuforia 虚拟按钮的基本原理和放置原则；
- 综合实例：制作"AR 留声机"。

本章难点

- 模型动画的制作；
- 虚拟按钮的综合应用。

本章学时数

- 建议 4 学时。

学习本章目的和要求

- 掌握综合实例：制作"AR 生日贺卡"；
- 掌握识别图片播放模型动画的方法与流程；
- 理解 Vuforia 虚拟按钮的基本原理；
- 掌握虚拟按钮的放置原则；
- 掌握综合实例：制作"AR 留声机"；
- 掌握 AR 交互综合应用的设计与制作方法。

7.1　综合实例：制作"AR 生日贺卡"

7.1.1　项目背景

以图片作为识别目标是 Vuforia 最常用的应用之一。此类项目如儿童早教 AR 图书、商业广告、展馆互动、AR 名片等。第 6 章中已经介绍了识别图片播放视频的例子，本节将以一个综合实例"制作'AR 生日贺卡'"为例，讲解如何使用 Unity ＋ Vuforia 实现识别图片播放模型动画的效果。

制作 AR"生日贺卡"—项目背景

设计思路：

有一位朋友将过生日了，为了送给他一份与众不同的礼物，你决定运用自己的专业知识，设计并制作一个 AR 生日贺卡。朋友收到贺卡后，可以使用手机打开配套的 App，扫描贺卡就能出现生日祝福的动画。

这是一份带有创意性和技术性的礼物，在掌握了本实例制作方法的基础之上，读者朋友们可以将其中的模型更换成更加具有个性化的内容，譬如：朋友本人的卡通 3D 模型动画、录制的视频祝福，等等。

7.1.2　上传和导入 Database

创建项目、获取 License Key 等准备工作已在第 6 章详细介绍过，这里首先按照前文所述的方法、步骤完成准备工作。下面从上传 Database 开始讲解。

制作"AR 生日贺卡"—项目前期工作

在 Vuforia 网站中，上传图像目标的数据库。新建数据库，自定义名称为"ARCard"。可参考第 6 章的详细步骤，此处不再赘述细节。

单击创建好的数据库名称，在打开的新页面中单击"Add Target"按钮，设置 Width 为 0.15，Name 为"birthday_card"，如图 7-1 所示。

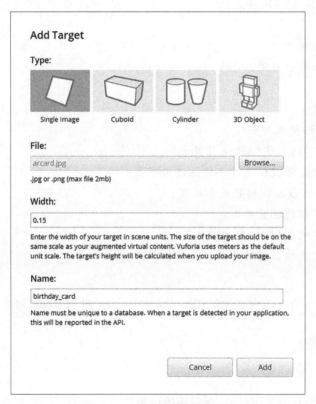

图 7-1　上传和设置图像目标

上传之后，可以在当前页面中看到数据库的信息。本例中的素材评级为五颗星，可以达到很好的识别效果，如图 7-2 所示。

单击图像目标名称，打开其详细信息页面，单击页面下方的"Show Features"，可以查看其识别特征，如图 7-3 所示。图 7-3 中的黄色十字图标表示特征点。

完成上传之后，勾选当前图片 arcard，单击"Download Datebase"按钮，下载目标图像的数据库。在弹出的"Download Database"对话框中，选择"Unity Editor"。

图 7-2　图像目标数据库信息

图 7-3　图像目标的识别特征

7.1.3　在 Unity 中创建 AR 项目

在 Unity 中,将当前场景另存为"AR_Scene"。删除场景中默认的 Main Camera 对象。在 Hierarchy 面板中单击右键,选择 Vuforia Engine | AR Camera,新建一个 AR 相机。

导入目标图像数据库。在 Assets 面板中单击右键,选择【Import Package】|【Custom Package】,选择之前下载的目标图像数据库 ARCard.unitypackage 导入。在弹出的"Import Unity Package"对话框中,显示了 Vuforia 图像数据库的内容,包括图像文件和配置文件,如图 7-4 所示。

在当前场景中单击右键,选择 Vuforia Engine | Image,新建一个图像目标对象。在 Inspector 面板中的 Image Target Behaviour 组件中,设置参数如图 7-5 所示。

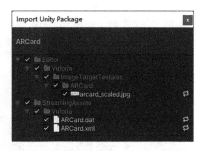

图 7-4　导入 ARCard 数据库资源

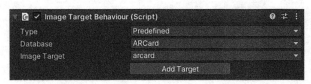

图 7-5　设置 Image Target Behaviour

当前场景中出现生日卡片的图像，如图 7-6 所示。

图 7-6　当前场景效果

7.1.4　添加动画模型

在这个项目中，希望出现如下效果：当摄像头扫描图片时，会出现礼物模型和动画。因此继续完成以下步骤：

打开 Unity 的 Asset Store，搜索资源"Christmas Decoration Props"并下载，导入当前项目中。

在 Assets 面板中，打开【Christmas Scene】|【Prefabs】文件夹，选择 Gifts 文件拖至 Hierarchy 面板的 ImageTarget 对象上，成为其子对象。

在场景视图中调整 Gifts 对象的方向、大小、位置，使其置于生日卡片上方，参考效果如图 7-7 所示。

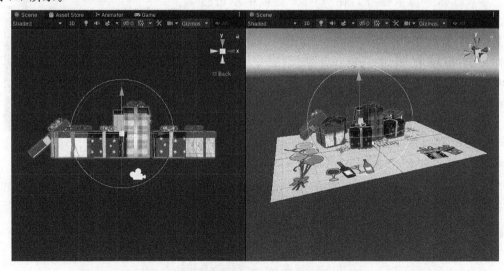

图 7-7　当前场景的 Back 正交视图和透视图

单击 Play 按钮,运行测试,用摄像头对准生日卡片,在屏幕上会出现礼物模型,效果如图 7-8 所示。

图 7-8　运行测试效果

7.1.5　制作模型动画

在本部分,将制作礼物模型的动画,使得镜头里的"礼物"出现放大、跳跃的动画效果,增加当前 AR 场景的生动性和趣味性。

选中"Gifts"对象,在 Inspector 面板中单击"Add Component",添加"Animation"组件。

制作"AR 生日贺卡"——
添加模型与制作动画

选中"Gifts"对象,选择菜单栏中的【Windows】|【Animation】|【Animation】。在弹出的 Animation 面板中,单击"Create"按钮,新建一个名为"gifts_tran"的动画 Clip。

单击 Animation 面板上的"Add Property"(添加属性)按钮,添加需要设置动画的属性。本例中希望实现礼物模型先由小变大、再上下弹跳至静止的动画效果。因此,展开 Transform,分别单击 Position、Scale 属性后的"+"号,添加 Position、Scale 属性,为制作关键帧动画做准备,如图 7-9 所示。

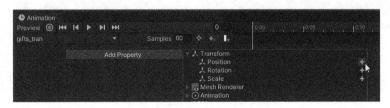

图 7-9　动画属性的添加界面

在 Animation 面板中,将 Samples 的值由默认的 60 更改为 10。Samples 参数表示每秒的采样帧数,即采样帧数。删除默认的第二组关键帧,因为这里需要重新设置关键帧。

确保时间在 0 s(秒),单击 Animation 面板上的录制按钮,开始录制关键帧动画。首先在 0 s 时,调整参数如图 7-10 所示。

图 7-10 属性参数的初始值

在时间栏输入 3,定位到 0:3 s 处,设置属性参数如图 7-11 所示,并自动生成关键帧。

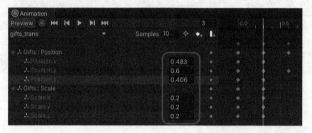

图 7-11 属性在 0:3 s 处的关键帧参数

0 s 和 0:3 s 处的两组关键帧能够产生 Gifts 对象从无到有的放大动画,Position 属性关键帧是为了让 Gifts 的位置始终在目标卡片的上方正中间。在 0:3 s 处的场景效果如图 7-12 所示。

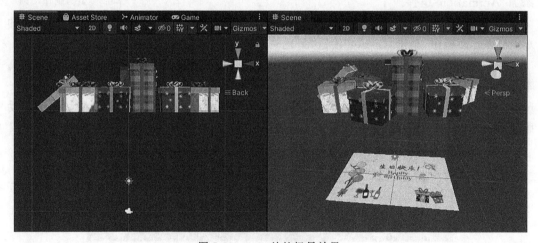

图 7-12 0:3s 处的场景效果

将时间定位到 0:6 s,设置 Position.y 值为 0,即落到地面。再将时间定位到 0:9 s,设置 Position.y 值为 0.5,即反弹回的高度。运用相同的方法,对 Position.y 属性继续设置多组关键帧,实现礼物的弹跳动画。从 0:6 s 处开始的关键帧时间与参数信息如表 7-1 所示。

表 7-1　关键帧时间与参数信息

属性	时间/s									
	0:6	0:9	1:2	1:4	1:6	1:8	2:0	2:2	2:3	2:4	2:5
Position.y	0	0.5	0	0.35	0	0.2	0	0.1	0	0.05	0

添加背景音乐。在 Project 面板的 Assets 中，新建文件夹 Music，导入素材"Happy-Birthday.mp3"。将该素材拖至 Hierarchy 面板中，为当前场景添加背景音乐。

保存项目，单击 Play 按钮，在 Game 面板中预览效果。使用摄像头对准生日卡片，可以看到设置好的礼物模型动画，同时，《祝你生日快乐》背景音乐自动响起。

至此，项目制作成功。按照第 6 章介绍的方法，将项目打包输出为可执行文件。

7.2　虚拟按钮简介

目前，市面上的 AR 应用程序越来越多，交互效果也丰富多彩。总体而言，AR 移动端的交互方式还是基于触摸控制，即在手机或平板电脑的屏幕上使用手势触摸。在 Vuforia 的自带功能中，虚拟按钮（Virtual Button）是唯一可以直接实现交互效果的。本节将介绍虚拟按钮的原理与摆放原则。

7.2.1　虚拟按钮的基本原理

Vuforia 具有一个自带的实现交互控制的功能，即"虚拟按钮"。虚拟按钮能够为开发者的图片目标添加交互性，把屏幕上的互动移动到真实世界中。在基于 Vuforia 的开发中，通过配置虚拟按钮，能够在一定程度上给 AR 项目加深沉浸感。

虚拟按钮为基于图像的目标交互提供了一种有效机制。开发者可以把图片目标上的区域定义为被遮挡时触发事件的按钮。当此按钮在摄像头中被挡住时，使用 OnButtonPressed() 和 OnButtonReleased() 方法处理事件。

在创建虚拟按钮时，出于提升用户体验的需求，必须仔细考虑其尺寸和位置。Vuforia 官方列举了一些会影响虚拟按钮响应性和可用性的因素，包括以下方面。

（1）虚拟按钮的长度和宽度。

（2）虚拟按钮所覆盖的目标区域。

（3）虚拟按钮相对于图片边界的位置，以及相对于目标图片上其他按钮的位置。

（4）虚拟按钮的底部区域需要高对比度以及足够的细节，以便识别遮挡。

7.2.2　虚拟按钮的设计和放置原则

关于虚拟按钮的设计和放置，Vuforia 从按钮大小、灵敏度设置、置于特征点等方面进行了说明。

1. 按钮大小

为虚拟按钮的区域定义的矩形应该等于或大于整体目标区域的 10%，当按钮区域下的特征的绝大部分被隐藏时，就会触发相应的按钮事件。这种情况如用户遮盖住虚拟按钮，或以其他方式在相机视线中拦截它。因此,按钮大小应该与其将要响应的动作来源相适应。例如,一个需要由用户手指触发的按钮应该比一个需要用户整只手触发的按钮小。

2. 灵敏度设置

虚拟按钮可以配置不同的灵敏度(Sensitivity),以定义按钮的 OnButtonPressed 事件启动的容易程度。高灵敏度(HIGH Sensitivity)的按钮比低灵敏度(LOW Sensitivity)的按钮更容易触发。按钮的灵敏度反映在必须覆盖的按钮区域的比例和覆盖时间。最好是在现实环境中测试每个按钮的响应能力,以验证它们是否按预期执行。

3. 置于特征点上

当目标图像的特征点在摄像机视图中被遮蔽时,虚拟按钮就开始检测。需要把虚拟按钮放在图像中特征点丰富的区域,以便让其启动 OnButtonPressed 事件。用户可以在目标管理器(Target Manager)的"显示特征"(Show Features)链接来确定图像中特征点的位置,可以看到有效特征点被标记为黄色,如图 7-13 所示。

4. 放置按钮

虚拟按钮不能放在目标图像的边界上。基于目标的图像有一个边缘,相当于目标区域的 8%,在矩形图像的边缘,不用于识别或追踪。因此,当用户遮盖了此区域时,不能被检测到。当放置按钮时,请确定在整个按钮区域能够检测到 OnButtonPressed 事件。

5. 避免堆叠按钮

在用户面对着目标的方向上,建议不要把按钮放在一个纵列上。因为用户需要越过较低的按钮来按较高的按钮,这就可能导致较低的按钮触发 OnButton-Pressed 事件。

图 7-13　图像中的有效特征点
（图源:Vuforia 官方网站）

如果确实需要将按钮堆叠在一个可能导致这种情况的排列中,则应该实现应用程序的逻辑以过滤这些结果,以确定哪个按钮实际上是需要被选择的。

7.3　综合实例:制作"AR 留声机"

黑胶唱片是发明于 20 世纪中叶的经典音乐格式。由于它最接近原声的优质音色,受到很多音乐迷的青睐,用户几乎涵盖各个年龄段。随着科技的发展,CD、磁带、数字音频格式陆续出现,各种音乐播放硬件也越来越小巧、轻便。但黑胶唱片和留声机不仅未被市场淘汰,反而在岁月流逝中越显独特,成为一种品质的象征和情怀的寄托。

由于黑胶唱片的价格相对高昂,并且需要留声机/唱片机才能播放,所以它并不普及。使用 AR 技术,可以让立体的留声机和胶片跃然纸上,在视听通道中带给人们对于黑胶唱片的沉浸式体验。

7.3.1　制作识别图片

制作"AR 留声机"
——图像目标

在基于虚拟按钮的 Vuforia 开发中,制作识别图时需要对虚拟按钮进行简单的设计。

根据 AR 设计准则,识别图画面内容需要与 AR 项目的主题一致,因此,本例选取一张留声机的矢量图作为识别图的主体部分。为了丰富识别图中的特征细节,增加一张背景图片。此外,结合用户的使用习惯以及 Vuforia 关于虚拟按钮设计的建议,将虚拟按钮横向排列,放置在图片的底部。在 Adobe Photoshop 中制作好识别图,效果如图 7-14 所示。

图 7-14　带有按钮图标的图像目标

7.3.2　上传图像目标

按照前文所述方法,在 Vuforia 官网的 Develop│Target　Manager 版块中上传当前图像。上传之后可以看到图像识别质量为五颗星,说明该图作为识别图效果很好,如图 7-15 所示。

	Target Name	Type	Rating ⓘ	Status ⌄
☐	virtualrecord1	Image	★★★★★	Active

图 7-15　目标图像识别效果

勾选当前图像,单击"Download Database"按钮,下载目标图像数据库 recordplayer.unitypackage。

7.3.3　新建项目和基本操作

此部分主要是进行 AR 开发的基本设置。

打开 Unity Hub,选择 Unity 2019.4.23 版本,新建项目。在 Assets 面板中新建 Music 文件夹,导入本项目中所需要使用的音乐文件,包括:cafe jazz 等四首mp3 文件。Music 文件夹如图 7-16 所示。

图 7-16　Project 面板中的
Music 文件夹

导入之前下载的目标图像数据库 recordplayer.unitypackage。

按照前文所述方法，从 Package Manager 里导入 Vuforia。在 VuforiaConfiguration 里填写 App License Key。

在 Hierarchy 面板中单击右键，依次新建 AR Camera、ImageTarget。

选中 ImageTarget，在 Inspector 面板中设置 Image Target Behaviour 组件的参数，设置 Database 为 recordplayer，Image Target 为 virtualrecord1。

7.3.4　导入和调整模型素材

本例希望实现黑胶唱片机的 AR 模拟效果，因此设计扫描目标图像之后，在移动设备屏幕上会出现一台虚拟唱片机，并且会根据用户与目标图像的互动出现不同的动画效果。

制作"AR 留声机"—
导入和调整素材

唱片机的模型可以自己设计和制作，例如使用 Maya、3Ds Max、Blender 等软件。由于模型制作不属于本书的教学范围，这里不作过多介绍。此处，选择使用 Unity Asset Store 中的资源。

在 Unity 中单击 Asset Store 面板，搜索并下载免费资源"Record player"。资源页面如图 7-17 所示。

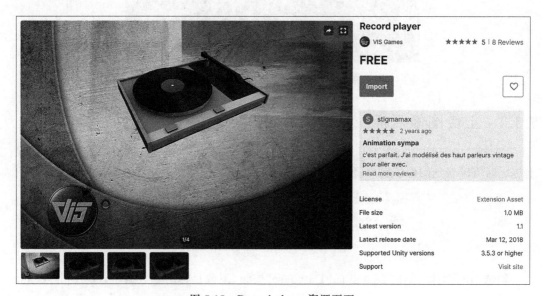

图 7-17　Record player 资源页面

完成下载之后，单击"Import"按钮导入该资源。

在 Assets 面板中会出现对应的文件夹 Record_player，打开其中的 Prefabs 文件夹，选择 record_player.prefab，拖至 Hierarchy 面板的 ImageTarget 上，成为后者的子对象。

在 Scene 面板中调整留声机模型的大小、位置和方向，使得留声机模型看上去是放置在目标图像上，并且尺寸适宜。参考效果的俯视图和透视图分别如图 7-18、图 7-19 所示。

图 7-18　模型放置效果俯视图

图 7-19　模型放置效果透视图

7.3.5　设置虚拟按钮

　　本例中,虚拟按钮的位置与目标图像上的按钮一致。并且,出于用户体验以及交互设计的原则,每个虚拟按钮的功能也应与图像上按钮的惯常功能保持一致,即从左到右依次代表:前一首、播放、暂停、后一首,如图 7-20 所示。

制作"AR 留声机"——
设置与编写虚拟按钮

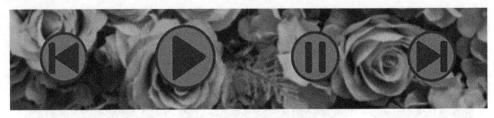

图 7-20　目标图像上的按钮

在 Hierarchy 面板中选中 ImageTarget，在 Inspector 面板中展开 Image Target Behaviour 下的 Advanced 选项，单击 Add Virtual Button 按钮，系统会在 ImageTarget 对象下添加一个虚拟按钮。在 Hierarchy 面板中将其更名为"previous"。

在 Scene 面板中调整此虚拟按钮的位置和大小，效果如图 7-21 所示。

图 7-21　虚拟按钮 previous 的位置和大小

选中 previous 虚拟按钮，在 Inspector 面板的 Virtual Button Behaviour 组件中，设置 Name 选项为 previous，如图 7-22 所示。

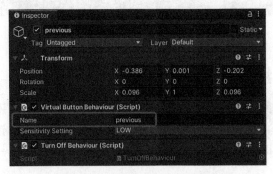

图 7-22　设置虚拟按钮的 Name

用同样的方法,依次创建另外三个虚拟按钮:play、pause、next,并分别设置其 Name 为相同的对应名称。Scene 面板中效果如图 7-23 所示。

图 7-23　虚拟按钮摆放效果

7.3.6　编写虚拟按钮功能脚本

本项目中希望实现的交互效果为:当用户遮挡住各个按钮时,实现对应的效果。即分别实现以下功能:播放前一首音乐、开始播放、暂停播放、播放后一首音乐。为此,需要编写脚本实现对虚拟按钮的控制。

在 Assets 面板中创建文件夹"Scripts",新建脚本"MyVirtualButton.cs",将其拖至 ImageTarget 对象上,成为脚本组件。

双击打开 MyVirtualButton 脚本,对其进行编辑。由于虚拟按钮是 Vuforia 的功能,因此需要在脚本中继承一个虚拟按钮接口。首先需要引入 Vuforia 命名空间,添加语句:using Vuforia;如图 7-24 所示。

图 7-24　添加 Vuforia 命名空间

在 MonoBehaviour 后面添加一个接口继承:IVirtualButtonEventHandler。并在后者名称上单击,选择实现接口,即可得到 OnButtonPressed(按钮按下)和 OnButtonReleased(按钮释放)两个方法。将这两个方法移动到代码最后,如图 7-25 所示。

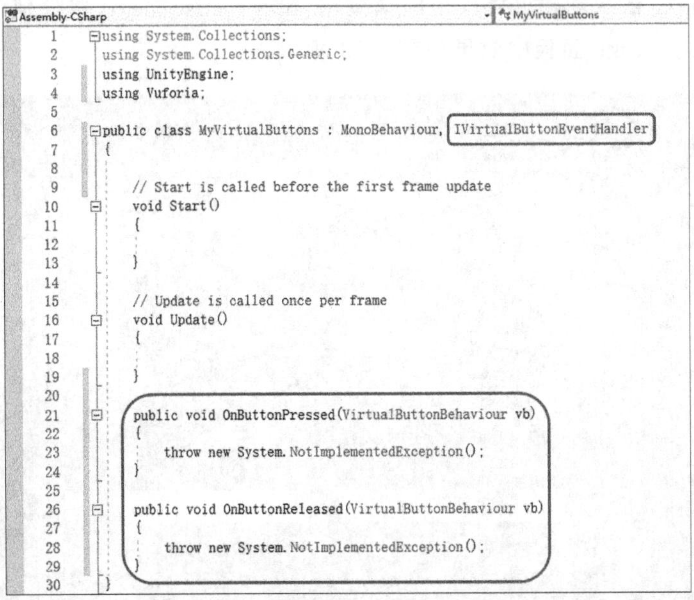

```
Assembly-CSharp                                          ▼  ⚙ MyVirtualButtons
 1    ⊟using System.Collections;
 2     using System.Collections.Generic;
 3     using UnityEngine;
 4     using Vuforia;
 5
 6    ⊟public class MyVirtualButtons : MonoBehaviour, │IVirtualButtonEventHandler│
 7     {
 8
 9         // Start is called before the first frame update
10    ⊟    void Start()
11         {
12
13         }
14
15         // Update is called once per frame
16    ⊟    void Update()
17         {
18
19         }
20
21         public void OnButtonPressed(VirtualButtonBehaviour vb)
22         {
23             throw new System.NotImplementedException();
24         }
25
26    ⊟    public void OnButtonReleased(VirtualButtonBehaviour vb)
27         {
28             throw new System.NotImplementedException();
29         }
30     }
```

图 7-25　实现接口后得到的两个方法

对虚拟按钮进行初始化。定义字段 vbs，并编写 Start() 方法，代码如下所示。

```
VirtualButtonBehaviour[] vbs;

void Start()
{
    vbs = GetComponentsInChildren<VirtualButtonBehaviour>();

    foreach (var vb in vbs)
    {
        vb.RegisterEventHandler(this);
    }
}
```

如前所述，本项目中希望实现的交互效果是：当用户遮挡虚拟按钮时，会触发相应的事件，如遮挡"play"按钮时，会开始播放音乐。当用户解除对虚拟按钮的遮挡（例如把手从按钮上方移开）后，并不会对当前正在进行的事件有任何影响。因此只需编写 OnButtonPressed() 方法即可。

首先增加定义以下字段变量，其中，MyAudioClip 用于实现播放列表：

```
public AudioClip[] MyAudioClip;
public AudioSource MyAudioSource;
bool isPlay = false;
int item = 0;
```

然后,编写 OnButtonPressed( )方法,这里使用 switch 语句实现选择结构,分别为每个虚拟按钮实现对应的动作状态(暂停/播放/下一首)、音乐曲目代码。代码如图 7-26 所示。

```
28    public void OnButtonPressed(VirtualButtonBehaviour vb)
29    {
30        switch (vb.VirtualButtonName)
31        {
32            case "pause":
33                MyAudioSource.Pause();
34                isPlay = false;
35                break;
36            case "play":
37                MyAudioSource.Play();
38                isPlay = true;
39                break;
40            case "next":
41                item = (item + 1) % MyAudioClip.Length;
42                MyAudioSource.clip = MyAudioClip[item];
43                MyAudioSource.Play();
44                break;
45            default:
46                if (item != 0)
47                {
48                    item = item - 1;
49                }
50                else
51                {
52                    item = 4;
53                }
54                MyAudioSource.clip = MyAudioClip[item];
55                MyAudioSource.Play();
56                break;
57        }
58    }
```

图 7-26　编写 OnButtonPressed( )方法

将脚本附加到 Unity 之后,即可在 ImageTarget 的 Inspector 面板中直接设置此脚本组件的公共字段,此处不作赘述。

最后,保存项目,进行测试。能够成功运行,并实现虚拟按钮对应的功能。将项目打包创建为"＊.apk"文件,导入 Android 手机即可运行。

本例讲解了使用虚拟按钮实现"AR 留声机"的效果,具有一定的交互性和趣味性。在此基础之上,也可以增加一些动画效果,例如留声机唱壁、唱盘/唱片与播放状态相对应的动画,可以使用 Unity 的动画系统,或编写脚本的方法,有兴趣的读者可以尝试实现更多的动画和互动效果。

本章小结

本章在前文基础之上,详细讲解了 Vuforia 虚拟按钮,以及基于 Vuforia 开发的两个 AR 综合实例。首先,第一个实例"AR 生日贺卡"主要对应识别图像播放模型动画,涉及图像目标、动画系统等知识点。其次,介绍并讲解了 Vuforia 的虚拟按钮功能,这也是目前 Vuforia 自带的最为便捷的交互方式。最后,第二个实例"AR 留声机"主要关于虚拟按钮、虚拟按钮事件相关的脚本编程方法。在实践过程中,建议读者朋友们在掌握了制作方法的基础之上，设计更多的交互方式，在提升开发能力的同时实现更加丰富的 AR 体验。

思考题与练习题

1. 图像类型的识别目标在 AR 应用中最为常用，请在本章 7.1 节的学习基础之上，尝试设计并实现更多的识别图像的增强效果。

2. Mecanim 是 Unity 的动画系统，请通过查阅 Unity 官方文档，进一步学习和掌握动画系统的运用。

3. 在 7.3 节的例子中，除了使用虚拟按钮，还可以自行编写 C♯脚本实现对于播放/暂停状态、曲目选择、模型动画的交互控制，请尝试实现。

第 8 章　HoloLens2 开发基础与实践

本章重点

- HoloLens2 的功能；
- HoloLens2 的应用领域；
- 全息图的相关知识；
- HoloLens2 的预装软件和操作界面。

本章难点

- 全息图的相关知识；
- HoloLens2 的操作界面。

本章学时数

- 建议 2 学时。

学习本章目的和要求

- 了解 HoloLens2 的功能；
- 了解 HoloLens2 的应用领域；
- 掌握全息图的相关知识；
- 了解 HoloLens2 的硬件组装；
- 掌握 HoloLens2 的预装软件和操作界面。

8.1　HoloLens2 功能介绍

如前所述,虽然在理论意义和理想状态下,AR 和 MR 具有不同的技术原理和虚实交互方式,但目前 AR 和 MR 在实际应用项目的交互模块等方面暂时没有体现出显著的本质区别,使得两者名称在很多情况下被混用,特别是一些 MR 设备/应用也常被称为 AR 设备/应用。从某种意义而言,亦可将 MR 视为 AR 的未来形态。因此,本教材将目前最为高端和流行的商用级 MR 头显之一———HoloLens2 纳入 AR 应用开发的篇章之中,于本章和第 9 章讲解 HoloLens2 的相关知识以及面向 HoloLens2 的开发方法。

HoloLens2 是微软公司研发的 MR 头显(也常被称为 AR 头显),其初代产品 HoloLens 发布于北京时间 2015 年 1 月 22 日凌晨。其作用是将计算机生成的内容叠加于现实世界之上,用户透过眼镜看到的是真实世界和虚拟世界的叠加。

2019 年 11 月 8 日,微软公司官方宣布 HoloLens2 正式面向中国市场发货。HoloLens2 在初代产品的基础之上有了较为明显的改进,着重体现于材质、功能方面。其机身由碳纤维制成,设计更加舒适,并有额外的衬垫。它采用了高通骁龙 850 计算平台,第二代定制全息处理单元,电池能够提供 2～3 小时的有效使用时间。在功能方面,提供了手部追踪、眼部追踪、语音命令、空间映射、混合现实捕捉、六自由度追踪等功能。HoloLens2 外观如图 8-1 所示。

图 8-1　HoloLens2 外观

在技术规格方面,HoloLens2 采用了透明全息透镜(波导),具有大于 25 000 个辐射点(每个弧度的光点),基于眼镜位置的呈现进行了 3D 显示优化。采用了 4 台可见光摄像机进行头部追踪、2 台红外摄像机进行眼动追踪,等等。HoloLens 允许用户进行直接手势交互,可通过自然语言发送命令和控制,并具有虹膜识别功能的企业级安全性。HoloLens2 使用 Windows Holographic 操作系统,并搭载 Microsoft Edge、Dynamics 365 Remote Assist、Dynamics 365 Guides、3D 查看器软件进行工作。根据官方介绍,HoloLens2 主要具有以下功能优势。

1. 精准行事

通过手动跟踪、内置语音命令、眼动跟踪、空间映射和开阔视野,让用户可以保持平视,长时间解放双手,进而获得更加舒适的使用体验,确保安全无误地完成任务。

HoloLen2 以自然的方式完全契合手部移动,准确进行手动跟踪、触摸、抓握和移动全息图;可以适配双手,让全息图可以像实物一样作出反应。通过内置语音命令,用户可以在双手忙于处理任务时,快速导航和操作 MR 系统。眼动追踪能够准确了解用户所看的地方,理解其意图,并根据眼睛的活动实时调整全息图。空间映射功能可以无缝映射物理环境,将数字内容置换投射到相应的对象或表面。并且,视野也扩展到了初代产品的两倍。

2. 无界协作

与远程同事建立联系,通过在覆盖到物理环境中的全息图上协同工作,以便实时快速解决问题。

HoloLens2 能够对用户视野里的画面进行 MR 拍照和录像,并能分享捕获的照片和视频。能够随时随地提供形象呈现和共享体验,流式传输高保真 3D 资产,让其可以置换投射到用户之间的位置和对象之上。仅佩戴头显即可工作,避免了外接线缆或配件的妨碍。

此外,借助于 HoloLens2,用户能够访问基于 Microsoft Azure(微软云)的强大应用程序生态系统,具有安全性、可靠性和可扩展性。

8.2　HoloLens2 应用领域

由于轻便的使用体验和强大的虚实交互功能,HoloLens2 现已应用于多个领域。下面着重介绍 HoloLens 在制造业、医疗业的应用。

8.2.1　制造行业

在制造行业,HoloLens2 的作用可以归纳为以下方面:MR 辅助、远程指导、远程协作。

1. MR 操作引导

HoloLens2 能够为工程中的安装、检查、测试等环节提供操作引导、自助式说明等,能够提升工作效率。例如丰田公司通过使用 HoloLens2 的 Dynamics 365 Guides(如图 8-2 所示)将检查时间缩短了 20%。

图 8-2　HoloLens2 的 MR 操作引导功能

(图源:微软官方网站)

2. 数字孪生应用

通过微软公司的云服务快速开发数字孪生应用,提高开发效率,节约开发与创新成本,如图 8-3 所示。

图 8-3　HoloLens2 数字孪生应用

(图源:微软官方网站)

3. 远程指导

HoloLens2 系统能够通过第一视角远程连线,使专家如临现场,并可使用语音、文字、图片、3D 标注等 MR 手段相互沟通,以解决现场实际问题,如图 8-4 所示。

图 8-4　HoloLens2 的远程作业指导系统

（图源：微软官方网站）

4. 远程协作

基于 HoloLens2 的全息虚拟会议产品 BeamLink（彼临）SaaS 版即装即用，支持用户以数字化身 Avatar 的形象远程加入同一虚拟空间，实现从二维的鼠标键盘交互方式升级到三维的元宇宙式的本能交互方式，如图 8-5 所示。

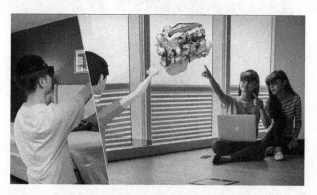

图 8-5　用户以 Avatar 形象远程协作

（图源：微软官方网站）

HoloLens2 已经逐渐参与到多个制作企业中，如空客（Airbus）、奔驰、奥迪、欧莱雅等。微软公司也为行业提供了使用 HoloLens2 所需的所有资源和支持方案。

8.2.2　医疗行业

HoloLens 用于医疗行业，能够缩短医疗培训时间，降低 PPE（个人防护设备）成本，提高查房效率，从而节省人力、物力、财力成本。其医疗行业用途主要可分为以下类别：虚拟查房、医疗培训、远程会诊、远程诊疗、辅助医疗。

1. 虚拟查房

穿戴 HoloLens2 的医生，在病房里可以用手势调取患者病历，查看 X 光片和各种检查数据，并与病房之外的同事交流互动，甚至能和世界各地的医疗专家联系，实时听取治疗建议，如图 8-6 所示。这种方式显著提升了查房效率，并减少了 83％高风险区域接触。例如在英国已有多家医院建立了基于 HoloLens2 的虚拟查房系统，并在临床医疗中取得了良好效果。

图 8-6　虚拟查房

2. 医疗培训

HoloLens2 的 Dynamics 365 Guides，能够提供自助式说明和在职指导。通过模拟的全息分步说明和实践学习，无须专家在场就能完成在职指导，如图 8-7 所示。

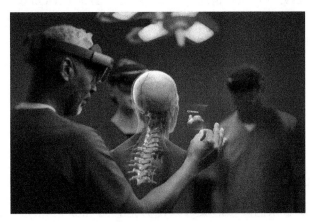

图 8-7　远程在职指导
（图源：微软官方网站）

3. 远程会诊

丰富医疗保健专业实践，促进医生和诊所之间实现更出色的协作，如图 8-8 所示。

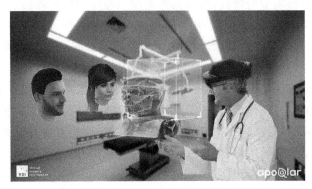

图 8-8　远程会诊

4. 辅助医疗

借助于 VSI HoloMedicine，能够以 3D 模型形式引导患者了解解剖结构和即将进行的手术流程，让患者参与到医疗流程中，并提高其认知，如图 8-9 所示。

图 8-9　HoloLens2 辅助医疗

目前已经有多家医疗保健机构借助 HoloLens2 进行创新工作，如 CAE、GE Healthcare。

除了制造业、医疗业之外，HoloLens2 还较多地应用于教育行业，能够在一定程度上缩短教育工作者的培训时间、指导时间、平均运营成本，同时为学生提供更加丰富的学习内容和方式。

8.3　全息图简介

8.3.1　全息图的原理和功能

HoloLens 内渲染显示的虚拟对象可以视为全息图（hologram），全息图能够直接出现在用户的视野中。全息图为真实世界添加环境光，这意味着用户既能看到来自显示屏的光线，也能看到来自周围世界的光线。由于 HoloLens 使用了添加光线的附加显示器，因此黑色将被渲染为透明。

全息图有多种多样的外观和行为，例如逼真的、实体的，或卡通的、虚空的。用户可以使用全息图来突出显示环境中的特征，或将其作为应用程序中用户界面的元素。

全息图也能够发出声音，并且听起来像是来自环境中的某个特定位置，即空间音频。HoloLens 的声音来自位于用户耳朵上方的两个扬声器。扬声器也是附加的，引入新的声音，并不会阻碍用户听到原本的环境音。

当用户为全息图找到一个固定位置时，就可以把它放置于其上。当用户四处走动时，全息图会相对于周围的世界保持静止状态，就像是一个真实放置的物体一样。如果使用空间锚定去固定物体，当用户返回之后，系统还会记得虚拟物体之前被放置的位置。

也有一些全息图会跟随用户，它们基于用户位置而定位。用户可以选择随身携带一个全息图，然后在进入另一个房间时将其放在那里。

在实际应用中，有些场景要求全息图像在整个体验过程中保持易于被发现或可见的状态。有两种方法可以实现这种需求,分别是:显示锁定(display-locked)和身体锁定(body-locked)。

显示锁定的内容被锁定在显示设备上。由于一些原因,这类内容通常较为棘手,例如:会产生一种不自然的"粘人"感,让用户感觉沮丧并想要"摆脱它"。一般而言,设计师最好避免这种显示锁定内容。

身体锁定的内容相对而言要求更加宽松。身体锁定是指在 3D 空间里把全息图拴在用户的身体或凝视矢量上。许多体验采用了身体锁定行为,全息图会跟随用户的注视,这就允许用户在空间中能旋转身体和移动,而不会丢失全息图。加入延迟有助于让全息图运动显得更加自然。例如,Window Holographic OS(全息操作系统)的一些核心 UI 使用了一种身体锁定的变体,当用户转头时会以一种轻柔、弹性的延迟跟随用户的注视。

全息图通常放置在一个舒适的观看距离,通常距离头部 1~2 米。2 米被视为最佳观看距离。当距离小于 1 米时,体验感就开始降低。在小于 1 米的距离内,在深度上定期移动的全息图似乎比静止的全息图更容易出问题。因此亦可考虑优雅的裁剪或淡出内容,以便它靠近时不会带给用户不愉快的观看体验。

全息图不仅是光和声音,它们也是用户在 MR 世界中的一个生动的部分。凝视一个全息图,做出手势,全息图就会开始跟随用户。发出一个语音命令,全息图也会有回应,如图 8-10 所示。

图 8-10　与全息图互动

全息图可以实现与人互动。由于 HoloLens2 能够获取其在世界上的位置,因此一个全息角色能够直接注视用户的眼睛并展开对话。

全息图也能与用户周围的环境互动。例如,用户可以在真实的桌子上放置一个全息弹跳球。再使用一个空气水龙头,看着全息球弹起来,并在击中桌子时发出声音。

全息图也能被现实世界的物体遮挡。例如,一个全息角色可能穿过一扇门,并离开用户视线走到一堵墙后面。

8.3.2　全息应用开发建议

在对全息图和真实事件进行融合时,可以参考以下建议:

(1)遵守引力法则会让全息图更容易与人产生联系,也更可信。例如:把一只全息花瓶放在桌子上,而不是让它飘浮在空中。

（2）许多设计师发现，他们可以通过在全息图所处的表面上创建一个"负阴影"来整合更可信的全息图。他们通过在全息图周围的地面上创建柔和的光，然后从光中减去"阴影"来做到这一点。柔和的灯光与现实世界的光线融合在一起。阴影用于将全息图与环境进行自然联结。

作为全息图应用的开发者们，应该具备将创意从 2D 屏幕中转换到真实世界 3D 空间的能力，尽情发挥想象，并在符合全息图设计原则的基础上创作。

8.4　HoloLens2 软硬件介绍

HoloLens2 的本质是一款无线全息计算机。它在初代产品的基础之上更加完善，以提供更具舒适感和沉浸感的体验，并且提供了更多适配于 MR 的协作选项。HoloLens2 运行于微软公司的 Windows Holographic OS，基于 Window 10 的整体风格，为用户、管理员、开发人员提供了一个健壮、高性能且安全的平台。

8.4.1　HoloLens2 的硬件组件

HoloLens2 包括以下组件：

（1）护目镜。包括 HoloLens2 的传感器和显示器。用户可以在佩戴 HoloLens2 时将护目镜向上翻转。

（2）头带（头箍）。用户可以使用旋钮调节头箍的大小，以佩戴 HoloLens。

（3）亮度按钮。当佩戴 HoloLens2 时，亮度按钮位于护目镜左侧、用户的太阳穴附近。

（4）音量按钮。当佩戴 HoloLens2 时，音量按钮位于护目镜右侧、用户的太阳穴附近。

（5）电源按钮。佩戴 HoloLens2 时，电源按钮位于后外罩后侧。

（6）USB-C 端口。佩戴 HoloLens2 时，USB-C 接口位于后外罩右侧电源按钮下方。

8.4.2　HoloLens2 预装软件

微软公司在 HoloLens2 中预装了一套完整的软件，包括：操作系统、应用程序等。主要如下：

（1）Windows 全息版操作系统（Windows Graphics OS）。Windows 10 的用户能够通过 HoloLens2 在 MR 环境中使用其部分 App 和游戏。

（2）3D 查看器。让用户能够轻松实时查看 3D 模型和动画。

（3）Cortana。微软公司开发的 AI 助理，能够给用户提供更加个性化的帮助，提高工作和创作效率。

（4）Dynamics 365 Guides。能够帮助 HoloLens2 的企业用户（如员工）更快地学习关于工作场景和设备的新技能，提升培训的效率和效果，并利于快速了解员工表现。

（5）Dynamics 365 Remote Assist。技术人员能够使用 Microsoft Teams 或 Dynamics 365 Remote Assist 与他人进行远程协作并解决问题。

（6）Microsoft Edge。微软公司开发的浏览器，在 HoloLens2 中使用时具有更高的隐私性、工作效率和更多价值。

此外，HoloLens2 中还提供了反馈中心、文件资源管理器、邮件和日历、电影和电视、OneDrive、照片等应用程序，它们的功能与 Windows 10 操作系统中基本一致，此处不作赘述。

8.4.3　HoloLens2 操作界面

HoloLens2 操作
界面

HoloLens2 的操作界面可以视为虚实融合的 MR 数字空间，对于用户而言，操作的核心为开始菜单。开始菜单是用户与 HoloLens2 创建的 MR 世界进行交互的主要路径，例如启动应用程序、唤醒 Cortana 助手、捕获 MR 视频或图像。

用户在佩戴 HoloLens 时，可以随时随地使用"开始"手势打开"开始"菜单。在 HoloLens 初代产品中，开始手势为"开花"，即将手位于手势框中，将所有手指合并在一起，然后张开。在 HoloLens2 中，开始手势为点击手腕上显示的"开始"图标，如图 8-11 所示，亦可直接说出"转到开始菜单"（Go to Start），即使用语音打开"开始"菜单。

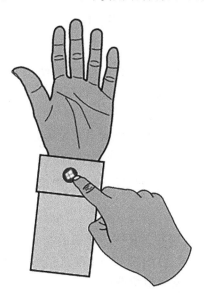

图 8-11　HoloLens2 开始手势示意图
（图源：微软官方网站）

HoloLens2 的开始菜单如图 8-12 所示。在顶部显示了用户名、时间、电量、音量等信息；在中间的主体区域显示了菜单各选项，包括 Microsoft Edge、3D 查看器、使用技巧、Guides 等；在下方显示了拍照、录制视频等按钮。

在开始菜单右侧有一个"应用"按钮，用户可以单击以打开应用程序列表，如图 8-13 所示。

图 8-12　HoloLens2 开始菜单

图 8-13　HoloLens2 应用程序列表

本章小结

　　本章主要介绍了 HoloLens2 的开发基础。详细介绍了 HoloLens2 的功能、实际应用领域，并且介绍了全息图，以及 HoloLens2 的软件和硬件。HoloLens2 是当下最为流行的 MR 眼镜之一，由于价格较为高昂，目前主要面向 B 端用户，但市场需求量也在逐渐扩增。本章对于 HoloLens2 进行详细介绍，以便让初学者对此设备有较为全面的了解。

思考题与练习题

　　1. 请查阅文献资料，了解我国在 MR 眼镜方面的技术发展和应用领域。

　　2. 在本章的教学内容基础之上，自定某个主题，设计一款基于 HoloLens2 的应用，包括以下方面：需求分析、功能设计、交互模块设计。

　　3. 通过查阅微软公司官方网站和文档，进一步了解 HoloLens2 的主要工作原理。

第9章　HoloLens2 开发实践

本章重点

- MRTK 的交互模型；
- 在 Unity 中进行 MR 开发配置；
- 在 HoloLens2 中实现手势交互；
- 生成并部署 HoloLens2 应用程序。

本章难点

- MRTK 的交互模型；
- 在 HoloLens2 中实现手势交互。

本章学时数

- 建议 2 学时。

学习本章目的和要求

- 了解 MRTK 的功能及其交互模型；
- 掌握在 Unity 中进行 MR 开发配置的方法；
- 掌握创建和编辑 HoloLens2 的 MR 场景的方法；
- 掌握在 HoloLens2 中实现手势交互的方法；
- 掌握生成并部署 HoloLens2 应用程序的方法。

9.1　了解 MRTK

9.1.1　MRTK 简介

　　MRTK(Mixed Reality Tool Kits)是由微软公司推出的一款开源的 MR 跨平台开发工具包,它提供了一系列组件和功能帮助用户加速跨平台 MR 应用开发,支持 Unity、Unreal Engine 引擎。其主要功能包括:为空间交互和 UI 提供跨平台输入系统和构建基块;在编辑器内模拟实现快速原型制作,便于开发人员实时看见开发效果;作为可扩展的框架运行,让开发人员能够交换出核心组件;支持的平台广泛,包括 OpenXR、Windows Mixed Reality API、Oculus、Ultraleap 手部跟踪等。其支持硬件包括:Microsoft HoloLens 系列、Windows Mixed Reality 头显设备、OpenVR 头显设备(HTC Vive、Oculus Rift)、Android 和 iOS 设备。目前普遍使用的是 MRTK2 版本。

　　2022 年 9 月 30 日,微软公司发布了 MRTK3 的公共预览版,其在体系结构、性能方面进行了重要改进。新版本基于 Unity XR 交互工具包和 Unity 输入系统构建,专注于 OpenXR,重新编写并设计了大多数功能和系统,从 UX 到输入再到子系统。并做出优化,以便在 HoloLens2 和其他资源受限的移动平台上实现最高性能,等等。

9.1.2 MRTK 交互模型

MRTK 工具包支持多种输入端,如 6DoF(六自由度)控制器、手势或语音。在开发时需要根据 MR 项目的应用场景、需求目标、用户体验等因素综合考量,以设计更加优化的交互方式。目前有以下交互模型在 MR 体验中较为常用。

1. 手部和运动控制器模型

这种方式要求用户使用一只手或双手与全息影像交互,手部交互是一种自然交互方式,有助于为用户带来更深的沉浸感。有三种具体方式:手部直接操作,用手指向并提交,运动控制器。

手部交互适用于多种情景,例如:提供包含 UI 的 2D 虚拟屏幕来显示和控制内容;提供关于工厂装配线的教程和指南;医疗领域的教学培训、手术辅助等专业工具;环境装饰、家具设计等;基于真实世界的 MR 游戏;基于位置的服务等。

2. 免手动模型

免手动模型指用户无须用手即可与全息内容进行交互,例如使用语音或凝视等交互方式。

免手动模型适用于以下情景:在用户双手被占用时引导其完成任务;手部疲劳;无法跟踪手套;手里拿着东西;做大幅度手势时的社交尴尬;空间狭小。

3. 凝视并提交

这种交互方式是指用户在 MR 环境中凝视一个对象或 UI 元素,然后使用辅助输入单击对象(即"提交")。提交方式包括语音命令、按下按钮或手势。

目前有两种类型的凝视输入:头部、眼睛凝视,这两种类型对应不同的提交操作。

9.2 在 Unity 中进行 MR 开发配置

在 Unity 中进行 MR
开发配置

9.2.1 为项目配置 Windows Mixed Reality 开发

要在 Unity 中进行 MR 开发,需要先为项目进行 Windows Mixed Reality 开发。Unity 中已经提供了一些与 MR 适配的选项和操作,在创建项目伊始进行相应的选项和参数设置即可。

首先启动 Unity Hub,新建项目(此处选择的是 Unity 2020.3.3f1c1 版本,其他版本同样适用),模板类型选择 3D Core,项目命名为"MRgesture"。

创建好项目之后,需要在 Unity 中将生成平台切换为"Universal Windows Platform"(通用 Windows 平台)。在菜单栏中选择【file】|【Build Settings】,将 Platform 选择为"Universal Windows Platform",其他参数保持默认值,单击"Switch Platform"(切换平台),如图 9-1 所示。

完成平台切换后,关闭 Build Settings 窗口。

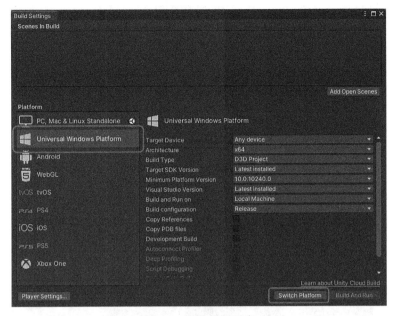

图 9-1　切换目标平台

9.2.2　导入 MRTK Unity 基础包

微软公司提供了 Mixed Reality Feature Tool(混合现实功能工具,后文简称 MRFT),帮助开发人员快速导入 MR 功能包。

首先,从 Microsoft 下载中心(https://www.microsoft.com/en-us/download/details.aspx? id=102778)下载 Mixed Reality Feature Tool 的最新版本。下载完成后双击打开可执行文件 MixedRealityFeatureTool.exe,在开始界面中单击右下角的"Start"以开始。

在下一个界面中,需要选择待设置 MR 的项目路径。将 Project Path 选择为本项目路径,然后单击 Discover Features 按钮,如图 9-2 所示。

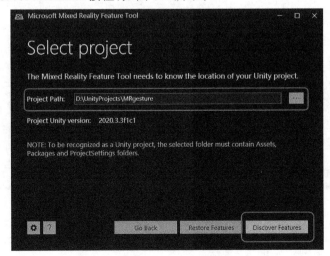

图 9-2　在 MRFT 中选择项目路径

在下一步的 Discover Features 界面中,列举并包含了 MR 开发的相关插件,根据需要进行选择即可。展开其中的 Mixed Reality Toolkit 选项,勾选 Mixed Reality Toolkit Foundation（2.7.0 版本）,然后单击"Get Features"按钮,如图 9-3 所示。

图 9-3　选择版本

在下一步的 Import Features 界面中,单击 Validate 按钮以验证所选的包,系统会显示"No validation issues were detected."（未检测到验证问题）,然后单击 Import 按钮,如图 9-4 所示。

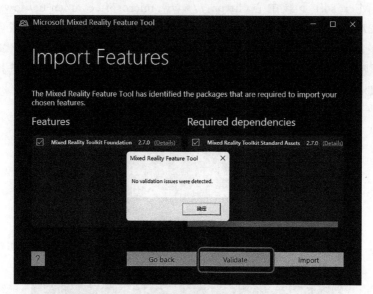

图 9-4　验证提示

在下一个界面中选择默认选项,再下一个界面中会显示 Unity Project Updated,此时单击 Exit 按钮退出 MRFT,如图 9-5 所示。

图 9-5　安装成功

9.2.3　配置 Unity 项目

导入了 MRTK 基础包之后，Unity 中会自动显示"MRTK Project Configurator"
（MRTK 项目配置），继续进行配置即可。

首先选择"Built-in Unity plugins（non-OpenXR）"（在 Unity 插件（非 OpenXR）中创
建），如图 9-6 所示。

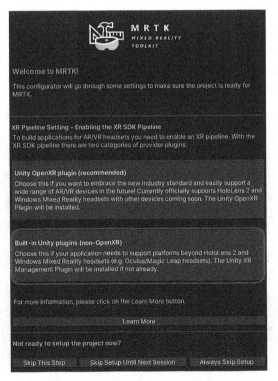

图 9-6　选择 Built-in Unity plugins

　　Unity 导入完成之后,在 MRTK Project Configurator 界面上选择"Show Settings"(显示设置),如图 9-7 所示。

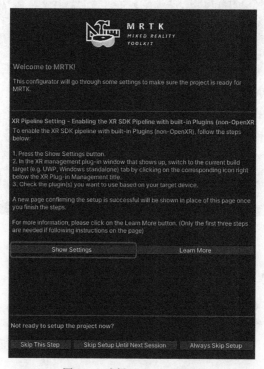

图 9-7　选择 Show Settings

　　在 Project Settings 面板中的 XR Plug-in Management 选项中,确保位于 Universal Windows Platform settings(通用 Windows 平台设置)选项卡中,以及已选中"Initialize XR on Startup"选项。选中"Windows Mixed Reality"选项,系统会自动进行相关设置,如图 9-8 所示。设置完成后,关闭 Project Settings 面板。

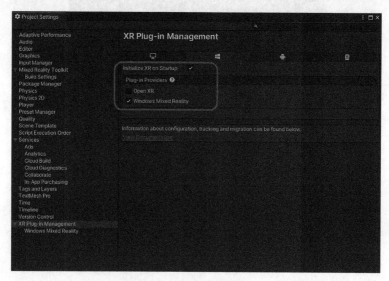

图 9-8　进行相关配置

当 Unity 导入 Windows Mixed Reality SDK 之后,系统会再次显示 MRTK 项目配置面板。在其中单击"Next"按钮,进入下一界面。在新界面中,设置 Audio Spatializer 为 MS HRTF Spatializer,其他保持默认选项。单击 Apply 按钮,如图 9-9 所示。

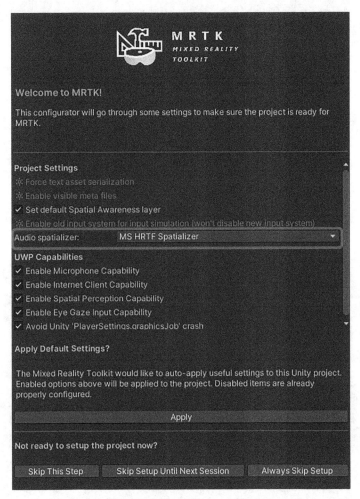

图 9-9　设置 Audio Spatializer

然后单击"Next"按钮,最后单击"Done"按钮完成 XR SDK 的设置。

9.2.4　为 XR SDK 配置项目设置

在 Unity 中,还需要对 XR SDK 配置项目设置。在菜单中选择【Edit】|【Project Settings】,定位到 XR Plug-in Management 中的 Windows Mixed Reality 选项,在 Universal Windows Platform settings 选项卡中,将 Depth Buffer Format(深度缓冲区格式)设置为 Depth Buffer 16 Bit(16 位深度),如图 9-10 所示。

在 Project Settings 窗口中,选择 Player 选项,编辑 Company Name。并且在 Publishing Settings 中,设置 Package name 设置为合适的自定义名称,如:MRlearning,如图 9-11 所示。

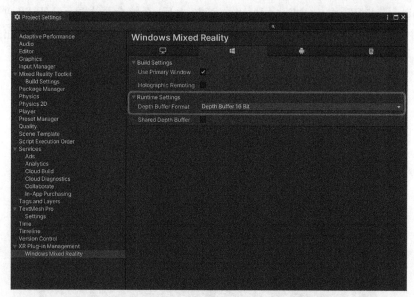

图 9-10　对 Windows Mixed Reality 进行设置

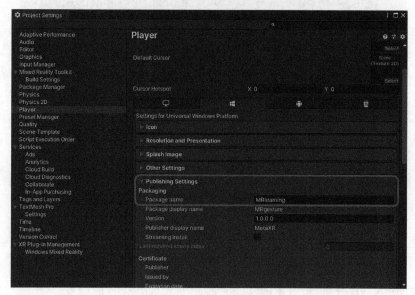

图 9-11　设置 Player 参数

9.3　在 HoloLens2 中实现手势交互

在 HoloLens2 中
实现手势交互

9.3.1　新建 MR 基本场景

在 Unity 中导入并配置了 MRTK 之后，就可以创建场景和进行 MR 开发了。在菜单

栏中选择【File】|【New Scene】，在"New Scene"界面中选择"Basic（Built-in）"（基本（内置）），然后单击"Create"按钮，如图 9-12 所示。

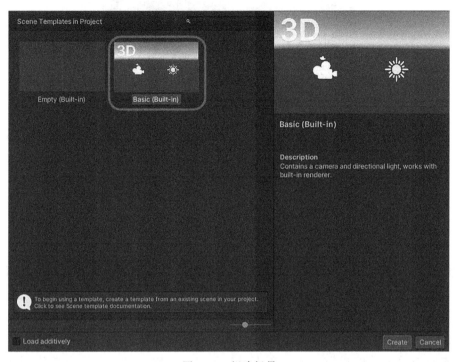

图 9-12　新建场景

在菜单栏中选择【Mixed Reality】|【Toolkit】|【Add to Scene and Configure…】，如图 9-13 所示。

图 9-13　添加 MR 开发对象

系统会自动在场景中添加以下对象：MixedRealityToolkit、MixedRealityPlayspace、MixedRealitySceneContent，同时 Main Camera 会被自动转移至 MixedRealityPlayspace 中，成为后者的子对象，以使得游戏区域能够与 SDK 同时管理摄像头，如图 9-14 所示。

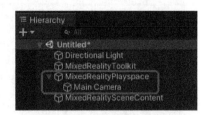

图 9-14　设置对象关系

选中 MixedReality 对象，在 Inspector 面板中，确认 MixedRealityToolkit 组件中下拉列表选中了 Default MixedRealityToolkitConfigurationProfile。此选项配置了 MRTK 核心组件的行为，此配置文件适用于常规用途，如图 9-15 所示。

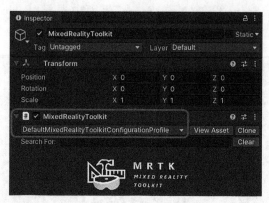

图 9-15　配置 MRTK 组件行为

按 Ctrl＋S 键,保存当前场景名为 MRgesture,存储于 Scenes 文件夹下。保存项目。

9.3.2　添加和调整虚拟对象

本例中,将向场景中的较近和较远位置分别添加一个虚拟物体,并添加相同的交互控制组件,以比较在实际应用中对于不同位置物体的手势操控。本部分主要关于如何为虚拟对象添加手部交互脚本。MRTK 提供了 ObjectManipulator 和 NearInteractionGrabbable 脚本,以支持"手部和运动控制器"交互模型的"手部直接操作"方式。

首先添加较近处的虚拟对象。在 Unity 的 Asset Store 中,获取免费资源"Cartoon Gifts",导入到本项目中。在 Project 面板中,定位到 Assets ＞ gifts ＞ prefab 中,选择 gift_1. prefab,拖至 Hierarchy 面板中,并修改名称为"near_gift"。将其 Scale 更改为:X＝0.1, Y＝0.1, Z＝0.1。其 Position 的默认初始值为(0,0,0),这相当于虚拟对象与用户头显位于同一位置,用户无法看到它,因此需要更改对象的位置参数,使得其位于更易于被看到的地方。将 cappuccino 对象的 Position 更改为:X＝－0.1, Y＝0, Z＝0.5。此时 Scene 面板和 Game 面板如图 9-16 所示。

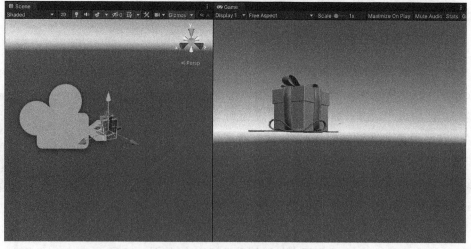

图 9-16　调整对象位置

9.3.3 向虚拟对象添加交互控制组件

在 MRTK 中,要想让虚拟对象可被手势跟踪和抓取,需要添加三个组件:碰撞体组件, ObjectManipulator 脚本、NearInteractionG-rabble 脚本。对于 Unity 内置的基本对象(如 Cube、Sphere 等)而言,已默认附加碰撞体组件,不需重复添加。本例中,需要对 Cappuccino 对象添加 Box Collider 组件。

选中 near_gift 对象,在 Inspector 面板中,单击最下方的 Add Component 按钮,在搜索栏中输入"Box Collider",选中 Box Collider,即添加了碰撞体组件,如图 9-17 所示。

图 9-17 Box Collider 组件

继续添加对象操控器脚本。单击"Add Component"按钮,搜索并选择"Object Manipu-late"脚本,此脚本能够让虚拟对象可以移动、缩放、旋转,并通过单手或双手就能实现操控。在添加了 Object Manipulator 脚本后,系统还会自动添加 Constraint Manager 脚本,这是由两者的依赖关系决定的,如图 9-18 所示。

图 9-18 添加脚本组件

使用相同的方法,添加 NearInteractionGrabbable 脚本组件。此组件能够让用户使用模拟手来触碰和抓取附近的虚拟对象,如图 9-19 所示。

图 9-19 添加 NearInteractionGrabbable 组件

添加较远处的虚拟对象。从 Assets 面板中,将 gift_3.prefab 对象拖至 Hierarchy 面板中,更名为"far_gift",同样将其 Scale 参数设置为:X=0.1,Y=0.1,Z=0.1。并调整其Position 参

数为：X＝0.3，Y＝0.1，Z＝1,使其位置稍远一些。Scene 面板俯视图、Game 面板如图 9-20 所示。可以看到 near_gift 位于左侧较近一些,far_gift 位于右侧稍远一些的位置。

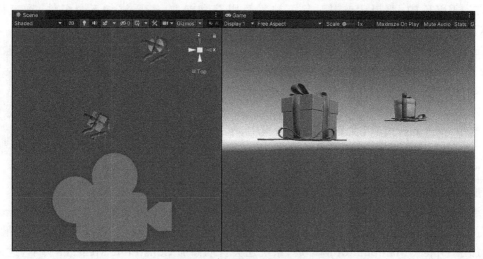

图 9-20　调整 far_gift 位置

按照前述方法,依次给 far_gift 添加 Box Collider、Object Manipulator、NearInteractionGrabbable 三个组件。

9.3.4　在播放模式下抓取和移动虚拟对象

MRTK 提供了虚拟调试功能,在 Unity 中即可模拟 MR 环境。单击 Play 按钮,视图切换到 Game 面板。此时可以单击 Game 面板右上角的三点按钮 ⋮ ,在菜单中选择 Maximize 选项,将 Game 窗口最大化。

首先测试虚拟手的触碰功能。按住空格键,此时模拟右手会显示在视图中。朝着"near_gift"方向移动模拟手,直到触碰到礼物盒的任意部位,如图 9-21 所示。

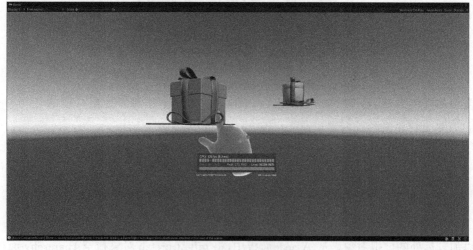

图 9-21　虚拟手的触碰功能

其次测试虚拟手的抓取功能。在按住空格键触碰到礼物盒的同时,按住鼠标左键,此时虚拟手会呈现抓取姿势,尝试移动鼠标,可以看见虚拟手能够抓取礼物盒,如图 9-22 所示。

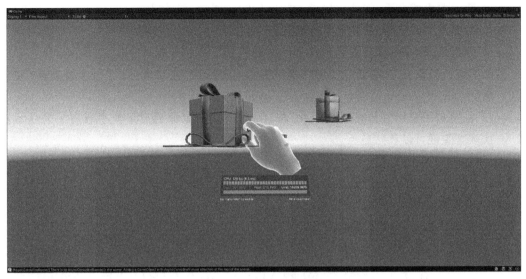

图 9-22　抓取近处物体

然后测试模拟手对较远处物体的触碰和抓取功能,此时将用到模拟手附带的远指针功能。再次按下空格键,显示出模拟右手,此时会从其食指末端延伸出远指针。朝盘子方向移动手,直到远指针末端移到盘子上。注意此过程可能需要多次移动尝试,才能将指针末端触碰到盘子上,如图 9-23 所示。

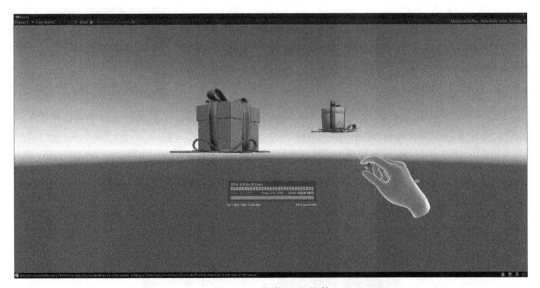

图 9-23　操控远处物体

如前所述,Unity 内提供了测试全息对象行为的虚拟 MR 环境,结合使用键盘和鼠标即可实现操控测试。测试行为主要包括以下方法。

1. 模拟手输入控制

(1) 启用模拟右手:按住空格键。松开空格键可以移除模拟手。

(2) 启用模拟左手:按住左 Shift 键。

(3) 移动左手或右手:按住空格键/左 Shift 键的同时,移动鼠标。

(4) 向前或向后移动手:滑动鼠标滑轮。

(5) 模拟收缩手势:单击鼠标左键。

(6) 旋转手:按住空格键/左 Shift 键+Ctrl 键的同时移动鼠标,可以实现右手/左手旋转。

(7) 将模拟手显示并停留在场景中:按 T 键/Y 键可以分别启用左手或右手的显示停留,再次按这些键可以移除显示。

2. 调整场景中的视图

(1) 向前/左/后/右方向移动摄像机:按 W/A/S/D 键。

(2) 垂直移动相机:按 Q 和 E 键。

(3) 旋转相机:按住鼠标右键并拖动。

9.4　生成并部署 HoloLens2 应用程序

生成并部署
HoloLens2
应用程序

编辑好项目场景后,可以将其生成为 HoloLens2 应用程序。在菜单栏中,选择【file】|【Build Settings…】,在 Build Settings 面板中,单击"Add Open Scenes",将场景 MRgesture 添加到待创建列表中。确定当前的 Platform 已经定位到"Universal Windows Platform",然后单击 Build 按钮。在弹出的对话框中,新建文件夹"Programs",然后单击"Select Folder"按钮,开始生成应用程序。当生成过程顺利结束后,打开 Programs 文件夹,可以看见多个文件和文件夹,如图 9-24 所示。

图 9-24　Programs 文件夹

在文件夹中右键单击解决方案文件 MRgesture.sln,选择打开方式为 Microsoft Visual Studio 2019。

在生成和部署时,需要先将 HoloLens2 与计算机相连接。VS 支持 WiFi 和 USB 两种连接方式。若要通过 WiFi 进行无线生成和部署,需选择"远程计算机",如图 9-25 所示。

图 9-25　选择"远程计算机"

　　然后获取 HoloLens2 的 IP 地址，以便在 VS 的设置中填写。佩戴上 HoloLens2 之后，从主菜单中单击"设置"按钮，之后选择"网络与 Internet"。在当前已连接的 WiFi 名称下，单击"高级选项"。在弹出页面的"属性"栏中，找到"IPv4 地址"选项，即当前 HoloLens2 的 IP 地址。

　　回到 VS 中，在菜单栏中选择【项目】|【属性】，定位到"配置属性"下的"调试"选项，把"要启动的调试器"设置为"远程计算机"，在"计算机名"后输入刚才获取的 IP 地址，如图 9-26 所示。

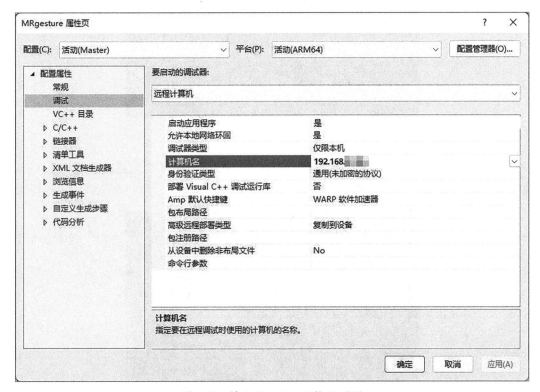

图 9-26　输入 HoloLens2 的 IP 地址

　　若要通过 USB 进行生成和部署，则先将 HoloLens2 通过 USB 数据线与计算机相连接，然后选择"设备"即可。

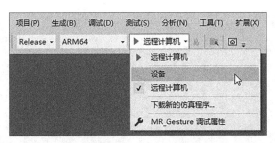

图 9-27　选择"设备"

　　设置好调试终端之后，选择"Master"或"Release"，以及"ARM64"体系结构。然后选择菜单栏【调试】|【开始执行（不调试）】，或按快捷键【Ctrl＋F5】，VS 将进行编译，并将生

成的运行程序部署到已连接的 HoloLens2 上。此时佩戴好 HoloLens2 并等待自动运行即可。程序运行之后，可以看到 near_gift 和 far_gift 两个物体一近一远的显示，如图 9-28 所示。

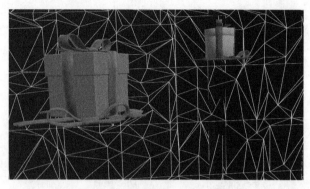

图 9-28　虚拟物体的 MR 显示

在 HoloLens2 的视图中测试此程序的虚拟手功能。使用手势抓取近处的礼物盒"near_gift"，可以在空间中随意移动和放置，如图 9-29 所示。

图 9-29　使用手势抓取近处物体

对于较远处的 far_gift，用手直接指向其时会出现一条射线，当射线的远端点触碰到 far_gift 时，使用手势即可抓取并移动它，如图 9-30 所示。

图 9-30　手势抓取和移动远处物体

将双手分别触碰到一个物体的不同位置，同时向外拉伸或向内挤压，可以实现对物体的放大或缩小，如图 9-31 所示。

图 9-31　手势缩放虚拟物体

本章小结

本章讲解了面向 HoloLens2 的 MR 开发实践。包括介绍 MR 开发工具 MRTK，详细讲解如何在 Unity 中进行 MR 开发配置，在 HoloLens2 中实现手势交互，生成并在 Holo-Lens2 中部署应用程序。读者朋友可以在本章学习基础之上，实现基于 HoloLens2 的 MR 应用程序的开发和部署。

思考题和练习题

1. 请分类阐述 MRTK 支持的交互模型。
2. 参考本章的教学案例，进行 HoloLens2 的应用程序开发和部署。
3. 请自行查阅微软公司官方文档，学习如何使用 MRTK 的按钮、菜单等预制体创建 UI。

第三篇　VR应用设计与开发

第10章　VR技术原理与设计技巧

本章重点
- VR技术的基本原理；
- 手势识别交互技术；
- VR应用领域及典型案例；
- VR内容设计建议；
- VR交互设计技巧。

本章难点
- 自然交互技术；
- VR应用的交互设计技巧。

本章学时数
- 建议2学时。

学习本章目的和要求
- 理解VR技术的基本原理；
- 了解自然交互技术；
- 掌握VR应用领域的类型及典型案例；
- 理解并掌握VR内容设计建议；
- 理解并掌握VR交互设计技巧。

10.1　VR技术基本原理

VR能够借助于计算机信息技术生成逼真的沉浸式交互虚拟环境，用户借助于必要设备与虚拟环境（Virtual Environment，VE）中的对象进行交互作用、相互影响，从而产生近似于真实世界的如临其境的感受和体验。理想状态下的VR系统是无限接近于真实世界的，因此希望能够提供集视听触嗅味五感于一体的交互式沉浸效果。在VR的关键技术方面，系统强调实物虚拟化、虚物拟真化的高性能计算机处理，这种效果是决定VR技术的关键。

"实物虚拟化"指通过技术手段，生成具有真实感的虚拟世界，并且在虚拟环境中对用户操作进行检测和准确获取用户的操作数据。其实现包括以下关键技术：模型构建技术、空间跟踪技术、声音追踪技术、视觉追踪与视点感应技术。"虚物拟真化"是指用户在VE中获取视觉、听觉、力觉、触觉等真实感官认知，实现此目标的关键技术包括：视觉感知、听觉感知、力觉和触觉感知等。"高性能计算处理"的关键技术主要包括：数据转换和数据预处理、图形图像生成与显示技术、声音空间化技术、模式识别、高级计算模型、超高速网络技术等。下面对部分关键技术进行介绍。

10.1.1 立体高清显示技术

立体高清显示能够把图像的纵深、层次、位置全部呈现,用户能够更加直观自然地了解图像中各元素的位置分布状况以及内容信息。从技术方面而言,需要通过光学技术构建逼真的三维环境和立体的虚拟物体,这就需要根据人类双眼的视觉原理来设计,使得用户在 VE 中看到的内容与现实世界中的效果几乎没有差异,从而产生如临其境的沉浸感。在当前的技术语境下,需要借助专业的显示设备实现,包括 VR 头戴式显示器、专业级图形图像工作站等。

1. 立体图像再造

人眼之所以对获取的景象有深度感知能力,主要依靠于人眼的双目视差、运动视差、适应性调节、视差图像在人脑的融合。因此在 VR 系统里,需要借助现代科技对视觉生理的认知和电子科技的发展,来通过显示设备还原立体三维效果。目前光学设备主要采用了四种原理来重构三维环境:分光技术、分时技术、色分法、光栅技术。由于不是本书的讨论范围,此处不作赘述。

2. 新型立体显示技术

除了传统的立体图像再造技术之外,一些新型立体显示技术也逐渐成为目前的热点。

(1)全息技术

全息技术利用干涉和衍射原理记录并再现真实物体。首先利用干涉原理记录物体光波信息,即拍摄过程。然后利用衍射原理再现物体光波信息,即成像过程。

(2)真立体显示技术

真立体显示技术是近年来最有真实物理景深感的三维显示技术,能够通过一个 3D 显示器直接显示三维图像,观众不用借助任何辅助设备就能从多角度直接观察 3D 物体。此技术可分为用于动态体扫描技术和静态体成像技术,前者根据屏幕中的运动方式又可分为平移运动和旋转运动。

10.1.2 三维建模技术

虚拟环境和物体的创建是虚拟现实内容中的重要部分,也是实现"实物虚拟化"的关键。VR 中的 3D 模型不仅要有逼真的外观,还要具有较为复杂的物理属性和良好的交互性能。由于 VR 系统对实时计算的需求,模型数据也要尽量简化和优化,以提升运行速率。

1. 几何建模

几何建模能将物体的形状存储在计算机内,形成该物体的三维几何形状,并能为各种具体对象应用提供信息。由于现实世界中的物体外形复杂多样,因此需要用不同的方法更加逼真地显示各类物体的三维几何模型。如,使用多边形和二次曲面能够为多面体、椭圆体等简单几何物体提供精确描述;样条曲面可用于设计机翼、齿轮及其他有曲面的机械结构;特征方程的表示方法,如分形几何和微粒系统,可以给出诸如树、花、草、云、水、火等自然景物的精确表示。目前,在计算机内部有三种存储模式能够表示三维形体数据结构:线框模型、表面模型、实体模型。

2．物理建模

VE 中虚拟物体的运动和响应方式也必须遵循自然界中的物理规律，例如：碰撞反弹、自由落体、力和反作用力等。物理建模技术就是主要实现这些 VE 中几何模型的物理属性和物理规律，其重点解决以下问题：(1) 设计数学模型；(2) 创建物理效果；(3) 实时碰撞检测。

3．运动建模

运动建模的目的是要赋予虚拟对象仿真的行为与自然的反应能力，并遵循物理世界的运动规律。例如，当一个虚拟物体被抛出之后，它将沿着抛物线自然下落到地面。在运动建模的数据描述中，主要有以下四个重要因素：(1) 虚拟对象的物理位置；(2) 对象的分层表述；(3) 虚拟摄像机；(4) 人体的运动结构。

对于开发者而言，三维建模可以通过多种方法实现，常用的有：建模软件、3D 扫描等。三维建模软件包括 3Ds Max、Maya、Blender，通常也搭配贴图制作、雕刻等软件使用。3D 扫描技术可以将真实环境、人物和物体快速建模，将实物立体信息转化成计算机可以直接处理的数字模型。3D 扫描的应用类型包括：三维测绘（线上地图）、三维重现（数字博物馆）、三维数据展示（电商平台）等。

10.1.3　三维虚拟声音技术

三维虚拟声音来自围绕听者双耳的一个球形中的任何地方，即声音出现在头部的上方、后方或前方。三维虚拟声音具有全向三维定位和三维实时追踪的特征。全向三维定位是指在三维虚拟环境中把实际声音信号定位到特定虚拟声源的能力；三维实时追踪是指在三维虚拟环境中实时追踪虚拟声源位置变化的能力。因此，三维虚拟声音不同于立体声，前者能够让听者感觉到声源位置的实时变化，并带给人声音上的沉浸感，对于 VR 系统来说非常重要。

在 VE 中构建较为完整的三维声音系统是一个很复杂的过程。首先通过测量外界声音与鼓膜声音的频率差异，获得声音在耳部附近发生的频谱变形，再利用这些数据对声波与人耳的交互方式进行编码，得出相关的一组传递函数，并确定出双耳的信号传播延迟特点，以此对声源进行定位。在 VR 系统中，当无回声的信号由这组传递函数处理后，再通过与声源缠绕在一起的滤波器驱动一组耳机，就可以在传统的耳机上形成有真实感的三维声音了。

10.2　自然交互技术

人机交互是人与计算机之间信息交流的简称，是计算机科学研究领域的重要部分。人机自然交互是指基于视觉、听觉、触觉、嗅觉、味觉等人类所有感觉通道的多模态集成交互，被认为是人机交互的终极目标。目前在 VR 系统中，视觉、听觉维度的交互技术较为成熟，其次是触觉，而嗅觉、味觉通道的模拟和交互技术仍在研发中。从具体技术而言，最具代表性的自然交互技术主要包括动作捕捉、眼动追踪、语音交互、触觉技术、脑机接口等。

10.2.1　手势识别

基于手部的人机交互被视为 VR 中不可或缺的部分，目前在 VR 系统中比较普及的是手柄控制器的交互,并不能算作一种自然交互。而手势识别能够让人手直接作为计算机的输入设备,人机通信不再需要中间媒介。手势是人手或者手和臂结合所产生的各种姿势和动作,包括静态手势(指姿势,单个手型)和动态手势(指动作,由一系列手部姿势组成)。静态手势对应空间里的一个点,而动态手势对应模型参数空间里的一条轨迹,需要使用随时间变化的空间特征量来表述。严格说来,手势识别技术主要指基于视觉图像的自然手势识别,通过摄像机连续拍摄手部的运动图像,然后采用图像处理技术提取出图像中的手部轮廓,进而分析出手势形态。在 VR 系统应用中,由于人类手势多种多样,而且不同用户在做相同手势时,手指的移动也存在或大或小的差异,因此需要对手势命令进行准确定义。

目前,手势识别在 MR 设备中使用较多。例如 HoloLens2 目前能识别两种核心手势:空中点击(Air tap)和 Home 手势(Bloom)。HoloLens 的输入手势如图 10-1 所示。

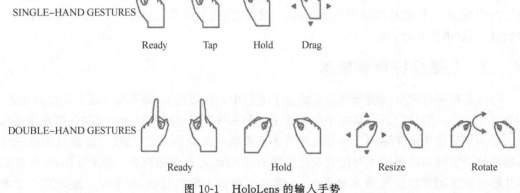

图 10-1　HoloLens 的输入手势

基于数据手套的手势识别虽然不能算作严格意义的手势识别,但可以视为技术发展的过渡。其优点是输入数据量小、速度高,可直接获得手在空间的三维信息和手指运动信息,并且可识别的手势种类多。例如诺亦腾的数据手套 Noitom Hi5 将动作捕捉手套和光学空间定位追踪器相结合,能够实现全手高精度低延迟追踪。Hi5 已于 2022 年上半年推出 2.0 版本,实现了 500 fps 姿态计算帧率、120 fps 数据输出帧率、传感器及算法升级,并且优化了手指姿态算法、解锁了分指功能。手套外形如图 10-2 所示。

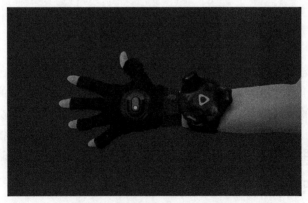

图 10-2　诺亦腾 HI5 2.0 数据手套

数据手套虽然在"人-机"之间还保留了物理介质,但是其具备提供触觉模拟的可能性,能够借助于手套搭载模拟触觉的元件,例如触觉手套也是自然交互技术中的一项重要研究目标。Meta(原名 Facebook)的现实实验室(Reality Labs)于 2021 年发布了触觉感知手套的原型,宣称能在虚拟世界中再现现实生活中的一系列触觉感觉,包括模拟人手抚摸材质纹理的感觉、压力反馈、振动反馈等,如图 10-3 所示。

图 10-3　Meta 触觉手套原型

10.2.2　表情识别

人脸表情识别技术是指从给定的静态图像或动态视频序列中分离出特定的表情状态,从而理解和识别心理情绪,进一步实现人机交互。表情识别技术涉及生理学和心理学,具有较大难度,其过程可分为三部分:人脸图像的获取与预处理、表情特征提取和表情分类。表情识别能够根据人的面部表情将情绪量化、转换为数据,从而实现人机交互,可以说从根本上改变了人与计算机的关系。因此在虚拟现实领域应用中具有非常大的潜在价值,也是目前学界和业界的研究重点。

表情识别技术源于 20 世纪 70 年代心理学家 Ekman 和 Friesen 的研究工作,Ekman 定义了人类的六种基本表情:高兴(happy)、生气(angry)、吃惊(surprise)、恐惧(fear)、厌恶(disgust)和悲伤(sad),从而确定了识别对象的类别,其次建立了面部动作编码系统。之后经过数十年的研究和发展,表情识别方面已经取得了一定成果,虽然在商用方面还处于起步阶段,但具有很大开发潜力。

VR 领域也早已意识到表情识别技术的重要性,目前在 VR 产业已经有了表情识别的相关硬件。例如 HTC 于 2021 年春季推出的面部追踪器 Vive Facial Tracker,如图 10-4 所示,使用双摄像头和红外照明,精确捕捉真实的面部表情和嘴部动态,能够实时读取意图和情感。据官方介绍,可通过在嘴唇、下巴、牙齿、舌头、脸颊和下颚上的 38 种混合形态来精确捕捉表情和动态,并且仅有不到 10 ms 的超低延迟。

图 10-4　Vive 面部追踪器

10.2.3　语音交互

除了手势识别、面部追踪之外,语音交互也是当前最有开发前景的自然交互技术之一。语音交互也称"智能语音交互"(Intelligent Speech Interaction),在语音识别、语音合成、自然语言理解等技术基础之上综合发展而成,指用人类的自然语言给机器下指令,以实现想要达到的目标。语音交互技术是人机交互发展到现今的一种最前沿交互方式,例如苹果 Siri、微软 Cortana、百度小度助手、阿里天猫精灵等都是此类应用。

市面上也已有支持语音交互功能的 VR 头显,例如 Oculus Quest 2,用户可以通过语音命令来启动设备。与之前需要结合硬件按钮才能开启菜单的方式相比,语音交互更加方便,无须借助手柄就能实现一些简单操作。MR 头显 HoloLens、Magic Leap 等也都支持语音交互功能。

目前国内外最为知名的语音交互提供商主要包括:Nuance、微软、Sensory、谷歌、苹果、科大讯飞、蓦然认知、百度语音、思必驰等。例如科大讯飞,作为中国智能语音与 AI 产业先锋,在语音合成、语音识别、口语评测、自然语言处理等多项技术领域都处于国际领先的地位。

10.2.4　眼动追踪

眼动追踪(eye tracking)指通过测量眼睛的注视点的位置或者眼球相对于头部的运动而实现对眼球运动的追踪,在视觉系统、心理学、认知语言学等领域应用广泛。目前有多种方法可以实现眼动追踪,一是根据眼球和眼球周边的特征变化进行跟踪,二是根据虹膜角度变化进行跟踪,三是主动投射红外线等光束到虹膜来提取特征。

在一些 VR、AR 设备中也早已运用了眼动追踪技术。例如 HTC Vive Pro Eye 内置了眼球追踪模组,利用 Tobii 眼动追踪技术改进仿真、识别和计算过程,其用途主要包括:一是为企业用户提供用户的视觉注意力数据,以便于商业决策;二是通过对眼球运动、注意力及聚焦的追踪和分析,创建更加身临其境的虚拟场景;三是用户面向并注视菜单即可进行页面指向和输入等操作,便于在 VR 中实现更加自然的动作和手势控制。

HoloLens2 上的眼动追踪使得开发人员能够设计自然而直观的输入和交互方案。眼动跟踪 API 提供有关用户以大约 30 FPS(30 Hz)(凝视原点和方向)的单眼视线所查看的信息。

关于自然交互技术,除了上述介绍的视觉、听觉、触觉方面的自然交互之外,在嗅觉、肤觉等方面也有了一定的研究进展。但是由于目前仍处于起步阶段,所以此处不作过多介绍。此外,随着 AI 技术的发展,自然交互技术也将得到 AI 在不同维度的辅助,从而实现更加自然的人机交互方式。

10.3　VR 应用介绍

随着 VR 技术的发展,VR 也逐渐应用于更加广泛的领域,本节从教育培训、视频游戏等方面进行详细介绍。

10.3.1　教育培训

教育培训是 VR 的典型应用领域。在自然、历史、艺术、数学等方面，VR 能够提供更加逼真的沉浸式教学模式。如 *Titans of Space*，使用来自世界各地的航天局的真实数据模拟了太阳系，带用户在太阳系中穿梭于各个行星之间，如图 10-5 所示；在 *The Body VR：Journey Inside a Cell*（简称"*The Body VR*"）中，用户仿佛化身为细胞大小，在人体内遨游，如图 10-6 所示。此外，在军事演习、航空航天等领域的培训环节也早已应用了 VR 技术。

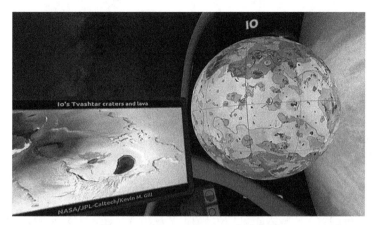

图 10-5　*Titans of Space* 应用截图

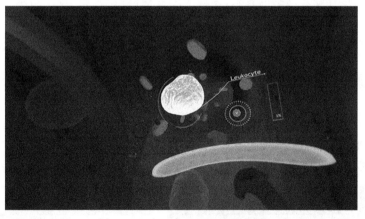

图 10-6　*The Body VR* 应用截图

军事演习、航空航天、驾驶等领域的 VR 虚拟仿真培训也越来越多。2021 年 6 月 15 日，《解放军报》发表了第 80 集团军某旅利用 VR 训练系统提升练兵实效的报道，VR 训练系统能够随时随地提供多场景、大空间、全天候的虚拟战场环境，有效解决现有训练场地及环境的局限问题，帮助特战队员"零距离"感受战场氛围、适应未来战场，稳步提升训练水平。图 10-7 所示为 VR 技术在军事训练方面的应用场景。

图 10-7　VR 技术应用于军事训练

10.3.2　游戏

VR 与游戏的结合可以说是目前 VR 应用的最大市场。近年来，VR 游戏层出不穷，并且出现了"3A"级 VR 游戏大作，如《半衰期：艾利克斯》（*half-Life：Alyx*）。从 2014 年 VR 游戏刚刚兴起，到 2022 年 VR 游戏从内容上已经几乎可以涵盖各种类型，如动作、冒险、休闲、角色扮演、模拟、体育和竞速等。目前知名度较高的 VR 游戏如《半衰期：艾利克斯》《节奏光剑》（*Beat Saber*）、《VR 聊天室》（*VRChat*）、*VTOL VR*、*Rec Room* 等。

《节奏光剑》是一个沉浸式的音乐节奏游戏，其具有精致的虚拟场景、高清的画质，在虚拟环境中玩家可以伴随着动感的音乐，挥舞 VR 手柄模拟"光剑"按照指示方向切开飞驰而来的方块，同时还需配合躲避墙、炸弹等障碍物，如图 10-8 所示。游戏中提供了大量的原创音乐，包含嘻哈、摇滚等风格，玩家在击打方块时还可以配合全身的舞动，从而起到健身作用。

近年来，也出现了一些与 VR 游戏相适配的设备，例如 HTC 在 2016 年就推出的枪型 VR 配件、索尼开发的 Aim Controller 光枪、StrikerVR 推出的枪型外设 Mavrik-Pro。目前一些厂商也开发了 VR 枪型手柄，如 Tom Man Design 开发的"ViR"，声称具备动态触发器和能够模拟后坐力的执行器，并且在外形设计上采用了与枪支类似的人体工程学设计以及前置立体摄像头，如图 10-9 所示。

图 10-8　《节奏光剑》截图

图 10-9　ViR 枪形手柄

10.3.3　影像叙事

VR 由于其强大的沉浸感、交互性,也逐渐应用于影像叙事领域中,包括 VR 电影、VR 电视、VR 新闻多种形式。按照内容的制作方法,主要包括两类:一是实拍类,此类 VR 影像以实拍为主,也有以 CG 特效作为辅助,通常为三自由度,如 *Help*、《山村里的幼儿园》(图 10-10)、《参见小师父》《当黑人旅行时》(*Traveling While Black*,图 10-11);二是 CG＋游戏引擎类,此类 VR 影像通常需要借助 VR 头显进行观看体验,通常为六自由度,如《扬帆时代》(*Age of Sail*)、《玫瑰与我》(*The Rose and I*)、《风雨无阻》(*Rain or Shine*)、《入侵!》(*Invasion!*)、《亨利》(*Henry*)、《记忆珍珠港》(*Remembering Pearl Harbor*)等。

图 10-10　《山村里的幼儿园》截图

图 10-11　《当黑人旅行时》截图

10.3.4　医疗健康

虽然 VR 还不是一种常规治疗手段,但也越来越多地被应用于医疗健康领域。如用于减轻疼痛、暴露疗法治疗 PTSD(创伤后应激障碍)、治疗弱视等。如 Immersive Touch、Osso VR、Proprio 等公司都推出了 VR 医疗培训、VR 手术等产品和解决方案。Immersive Touch 目前的产品包括 ImmersiveView VR、ImmersiveView Surgical Plan、ImmersiveView Training。ImmersiveView VR 将 CT、CBCT、3D 血管造影和 MRI 扫描等医学数据转换为 VR 影像,从而提供 VR 沉浸式病例视图;ImmersiveView Surgical Plan 是一个虚拟手术平台,让外科医生能够详尽地研究、评估和规划即将进行的手术;ImmersiveView Training 包括 ImmersiveTouch 3(面向 AR)和 ImmersiveSim(面向 VR)两个子系统,帮助医学生在沉浸式环境中掌握医学知识。

2020 年以来,5G 技术也助力 VR 在智慧医疗领域的应用进一步突破,推动智慧医疗的升级,其应用场景主要包括远程医疗和院内应用两类。目前,中国已有多家医院实现了 5G VR 智慧医疗领域落地应用,如昆明医科大学第一附属医院的 5G VR 隔离病房探视系统,结合 8K 全景、VR 直播等技术,使用 TECHE 全景相机在病房采集 8K 高清影像,利用 5G 网络高带宽、低延时的优点,推流至 VR 眼镜、平板电脑、手机、高清电视屏等终端,供医护人员、患者家属远程查看。

10.3.5　艺术体验

借助于 VR 对传统艺术进行再创作,也是 VR 应用中一个较大的分支,例如将经典名画转化为立体的 VR 空间,让受众可以如临其境,或是制作 VR 画廊、VR 艺术馆、VR 歌剧、VR 戏剧等。此类作品如《夜间咖啡馆 VR》《走入鹊华秋色》《清明上河图 VR》、《达利之梦》(*Dreams of Dali*)、《克莱默 VR 博物馆》(*The Kremer Collection VR*)、VR 歌剧《神曲》(*Senza Peso*)、VR 沉浸式戏剧《看不见的时间》(*The Invisible Hours*)等。

《夜间咖啡馆 VR》是一部旨在向画家文森特·梵高致敬的作品,发布于 2016 年。创作者 Mac Cauley 以梵高原画《夜晚的咖啡馆》为蓝本,将原画中的咖啡馆场景进行 VR 化,结合多部梵高其他作品、充分发挥想象,创作了一个可以让玩家走入其中并自由探索的梵高眼中的世界,如图 10-12 所示。这部 VR 体验在 Steam 平台上常年保持着 95％ 以上的好评率,是 VR 艺术再创作的经典作品之一。

图 10-12　《夜间咖啡馆 VR》截图

VR 艺术展可以满足人们足不出户享受艺术体验的需求。例如《克莱默 VR 博物馆》中以高清画质渲染了一座博物馆的内景,体验者可以走近每一幅画作欣赏,还可查看与收听画作信息讲解,如图 10-13 所示。令人赞叹的是,油画的纹理也都在其中高度还原。其中展出的不乏著名画作,如伦勃朗的《戴头巾的老人》。

随着沉浸式戏剧《不眠之夜》(*Sleep No More*)在近些年的爆火,VR 也引入了这种艺术形式。由于无须众多人聚集到现场,VR 沉浸式戏剧在环境安全、健康安全等方面更具优势。例如《看不见的时间》就是一部六自由度 VR 沉浸式戏剧,其中演绎了一个复杂的谋杀案,玩家可以在偌大的豪宅中自由探索,旁观、聆听各个角色之间的表演和对话,如图 10-14 所示。就像身临其境地观看沉浸式戏剧一样,观察每个角色的行为,逐步解开悬念。这种有趣又新颖的方式为其在 Steam 平台上赢得了常年高于 95％ 的好评率。

图 10-13　《克莱默 VR 博物馆》截图

图 10-14　《看不见的时间》截图

10.3.6　艺术创作

有一种观点认为 VR 将是终极 3D 显示器，手部追踪控制器则是最好的 3D 交互工具。基于此，VR 亦可用于艺术创作。较为经典的应用程序如 *Tilt Brush*，它简单易用，具有多种不同效果的画笔（如发光与动画），其绘制效果如图 10-15 所示。再如 Oculus Story Studio 团队开发的 VR 绘画软件 *Quill*，与前者相比，*Quill* 更加适合于专业人员。

图 10-15　*Tilt Brush* 绘制效果

10.3.7　旅游观光

VR 的沉浸感特性让用户能够足不出户就去到任何地方,因此在旅游业也陆续推出了与 VR 相结合的应用。如故宫博物馆上线的"故宫展览"App,以一期一个主题的方式为用户提供不同展厅不同展品的 VR 视频;伦敦塔桥与 TimeLooper 合作,为游客提供 VR 旅游体验,如图 10-16 所示。

图 10-16　伦敦塔桥 VR 体验

此外,VR 还在地产建筑、文物考古、城市设计等领域有所应用。总之,VR 由于其"3I"特性,能够进行如临其境的高度仿真,因而逐渐渗透到人类生活的各个领域,未来还将呈现更多可能、发挥更多作用。

10.4　VR 应用设计技巧

从设计学角度研究 VR 应用,目前还是一个较为新兴的领域。对于 VR 而言,毫无疑问用户体验非常重要,若能将设计思维用于 VR 应用、VR 交互的设计中,将会使 VR 应用开发流程更具完整性和高效性。

一些 VR 开发商也提出了相关的设计建议,例如谷歌曾经发布的《VR 交互设计原则》。随着 VR 技术的发展,各种主流 VR 设备也逐步提升了佩戴舒适性,软硬件的标准都有统一化的趋势。此处结合当前 VR 应用发展现状,对于 VR 应用的设计提出一些建议,供读者参考。

10.4.1　内容设计建议

目前的 VR 应用从内容角度而言涵盖非常广泛和全面。在对一些较受欢迎的 VR 项目进行研究之后,不难发现在主题选择、内容设计方面可以遵循一些规律。

1. 虚拟环境的重要性

VR 技术能够提供六自由度体验,对于场景、空间的拟真能力几乎可以超越所有其他的数字媒介。也正因为此,VR 应用中虚拟环境的营造十分重要。一些 VR 体验仅仅提供一个虚拟的场景、空间,让受众在其中自由探索,以获得基于沉浸感、交互性的审美体验。VR 虚拟环境的设计可以参考以下技巧。

首先是激发用户的探索兴趣。虚拟空间的设计通常要遵循一个明确的主题,从而进行超现实主义或写实主义的呈现。超现实主义的作品通常采用"CG+游戏引擎制作"方式,如《夜间咖啡馆 VR》以梵高画作《夜晚的咖啡馆》作为主要灵感来源,在体验伊始,用户就置身于这个以梵高笔触风格进行贴图、渲染的咖啡馆主场景中,这种新奇的虚拟空间自然会引发用户的探索动机,从而自发地"逛"完整个项目空间。此类作品非常多,还有《走入鹊华秋色》《达利之梦》《神曲》等。写实主义的作品既有"CG+引擎",也有实拍制作。例如《记忆珍珠港》中,用三维建模高度仿真地还原了珍珠港事件时期的美国家庭内景,具有非常鲜明的风格,玩家在其中探索时会自然触发交互点,从而推进叙事进程。实拍作品如《山村里的幼儿园》,讲述山村留守儿童的故事,拍摄地为贵州省松桃大湾村的留守儿童家中和幼儿园。

其次是巧妙设置可以推动剧情的环境线索。这个线索可以是实物或某个元素,还可以是一种氛围,总之要突出一种神秘、探索的特质与作用,让受众与之相遇本身就是一种探索,从而让受众在体验过程中明显感到一种"转变"。在 VR 应用中,这种线索可以色彩、文化及模因等形式呈现,这里对其进行简要归纳,如表 10-1 所示。

表 10-1 虚拟空间中环境线索的作用

环境线索	主要作用
色彩	创造情绪和情感的戏剧化转变
文化及模因	为受众提供一种与虚拟空间(虚构/非虚构)中地方及居民相关的观念、价值观、特色、特征
物理特征	创造时间、地方、历史、文化的直接感觉
大特征	赋予虚拟空间中面向受众的目标感/使命感
主题和故事	为空间赋予"存在"的意义

再次,VR 中虚拟空间的尺寸也很重要。在现实世界中,人们很容易在太小或太大、太高的空间中感觉不适。如果设计一个太大的 VR 空间,用户可能会迷路。但是如果设计的空间太小,用户也可能会产生幽闭恐惧症的感觉。在《夜间咖啡馆 VR》中,创作者之所以选定以《夜晚的咖啡馆》作为场景主要蓝本,重要原因之一就是希望将虚拟空间限定在一个恰当的范围内,而不是让受众感到漫无边际。

2. 叙事内容的人因健康

在 VR 中,激发用户的探索兴趣固然重要,但受众的人因健康更加重要。由于 VR 营造的是一个高度仿真的沉浸式环境,因此过于恐怖、刺激的画面很可能引起受众不同程度的恐惧和不适。具身理论等相关研究指出,受众在 VR 中由于体验过于逼真,而可能威胁到心理安全。VR 投资人麦克·罗斯伯格认为,长时间沉浸在高强度的 VR 暴力场景中,或将对玩家造成长久的心理创伤,因为 VR 能够创造具身体验,这种体验几乎可以接近于真实经历,因此可能对玩家的大脑造成真实的战后 PTSD。而一些 VR 体验因为对战争场面的模拟,也需要预防对患有 PTSD 的人引发刺激。例如 VR 项目《战后家园》(*Home After War*)由于其超高的场景还原度,而在进入正片之前播出提示文字:"此体验包含令人不安的内容,建议观众酌情决定,它可能不适合患有光敏性癫痫或 PTSD 的人。"如图 10-17 所示,红框内的文字即为《战后家园》的观影安全提示。

图 10-17　《战后家园》的观影安全提示

　　一些 VR 游戏、VR 纪录片直击战争场面或犯罪现场,如《叙利亚项目》(*Syria Project*)、《基娅》(*Kiya*)。《叙利亚项目》也因此引起争议,很多人认为不应将真实的战争场面"游戏化",即使创作者的初衷是为了弘扬和平。

　　另外,如果为了规避这种对于受众的潜在伤害而弱化叙事元素的真实性,则可能会削减 VR 叙事的本质意义。因此,除了预播安全提示之外,还可以在作品内部通过场面调度、镜头切换等方式进行巧妙规避,淡化视觉冲击效果。譬如《基娅》的处理方法:《基娅》讲述了一起室内枪击案,女孩基娅的前男友用枪挟持她作为人质,尽管她的两姐妹苦苦哀求,却未能解救基娅。就在即将枪响之时,导演选择并不直接呈现枪击画面,而是将场景切换至室外,以枪声响起、警方赶来而结束影片。这一设计在记录事实、保证叙事完整性的同时也充分考虑到 VR 媒介的人因健康,有助于保障受众心理安全和媒介伦理。

10.4.2　交互设计技巧

　　在进行 VR 的用户体验设计时,需要考虑 VR 用户的使用能力。

　　1. 需要考虑用户会话的持续时长

　　VR 眼镜目前的结构一般是"透镜＋屏幕"的成像方式,透镜在眼前 2～3 cm 处,屏幕距离透镜 3～6 cm,虚拟成像在人眼前方 25～50 cm 处左右。因此一般情况下佩戴 VR 眼镜半小时以上,就会感觉眼睛甚至整个头部特别疲劳。有研究表明,VR 游戏的时间不应超过 20～30 分钟,因为超过这个时长,用户就会开始分散注意力。因此,如果一个 VR 体验需要更长的时间,则需允许用户能够保存他们的进程,以便在下次打开 VR 游戏时可以继续体验。目前的很多 VR 游戏都设置了保存进程的功能。

　　2. 避免晕动症的发生

　　"晕动症"是在 VR 体验中的一种常见现象,它是由于视觉与前庭系统对运动感知不一致而对主体产生的一种干扰,和生活中可能会发生的"晕车"原理近似。VR 中的晕动症可能会导致疲劳、头痛和全身不适,因此创作者需要尽量规避晕动症的发生。以下方法可以帮助预防 VR 中的晕动症。

　　(1) 在用户环境中设置一些固定的参考点,这也称为"休息帧"(rest frame)。这些休息帧通过允许用户聚焦于它们来保持眼睛的稳定性。在很多情况下,可以设计一条与用户相对静止的水平线,在用户移动时保持不变。

(2)使用恒定速度。当用户在 VR 中移动时,通过保持恒定的速度来创造更舒适的体验。对于三自由度的 VR 影像,由于用户不能在虚拟空间中自由移动,因此周遭环境如果是巡航式的移动,应该注意保持一个较慢的速度,有研究表明此速度最好和成年人的正常步行速度基本一致,从而不易导致晕动症。

(3)减少虚拟的旋转。当用户在 VR 空间中“跳跃”或“快速移动”时,会发生虚拟旋转。对于 VR 飞行模拟、过山车游戏和类似的 VR 体验而言,减少虚拟旋转尤其重要。在一款 VR 滑雪游戏中,由于模拟运动速度过快,很多玩家在体验时会难以自控地摔倒,以至不得不借助于坐在椅子上完成虚拟滑雪游戏,从而影响了用户体验。

(4)增加环境音以与运动感相适配。

(5)创造一个让用户可以休息的体验环境,例如某个虚拟场景。

3. 避免突然的变化

在 VR 应用中,一些突如其来的变化会让用户感到困惑。例如亮度的改变,从黑暗场景到明亮场景的突然变化可能会导致眼睛疲劳,这就好像人从黑暗的房间里走出去,突然见到阳光会感到眼部不适。因此,在 VR 空间的变化上需要有一个逐渐过渡的过程。

4. 交互方式的设计

在 VR 还没有特别普及的时候,对于大部分用户而言往往并不熟悉 VR 交互。在这种情况下,引入过于新颖的交互方式看似能够更胜一筹,但是由于它可能会增加用户的学习曲线,最好还是引入熟悉的交互模式。在 VR 设计中,有两种方法可以应对这个设计挑战。

(1)在 VR 视图中放置可视化控件。可视化控件是桌面和移动应用程序中的模式,同样也可以在 VR 空间中使用。当用户启动 VR 应用时,会在当前视野中看到可视化 UI 控件。如果 VR 允许用户移动,那么最好将控件设置为跟随式,即可以跟随用户的位置和视野而改变位置和方向。例如《节奏光剑》里的 UI 就采用了这种方式,如图 10-18 所示。

图 10-18　《节奏光剑》游戏 UI

(2)在虚拟环境中允许用户与数字世界互动,就像现实生活中人类与物质世界互动一样。用户可以与 VR 空间中的 3D 对象进行交互,例如抓握或移动它们。目前的 VR 项目中,对于虚拟物体的操控,出现较多的仍是抓握、移动、投掷这些方式。此外,在互动同时最好设置一些显式的即时反馈,例如添加音效、设置手柄的震动反馈等。例如在《节奏光剑》《合成骑士》(*Synth Riders*)等 VR 音乐游戏中,普遍采用了这种震动反馈的互动提示。

(3) 设计新手引导场景。与操作传统的 PC 端网页、移动端应用相比,VR 应用的新手用户很可能会获得截然不同的体验。大部分人往往在初次使用 VR 时并不知道应该怎么操作,因此设计一个简明而巧妙的新手引导流程是非常重要的,这将帮助用户在短时间内快速了解和掌握 VR 应用的基本操作,其中最主要的是 VR 手柄的使用方法。目前很多 VR 游戏中都在开场时设置了简洁明了的新手引导教程,如《看不见的时间》。在设计引导教程时,还要注意不要加入太多文字,使用图形化指示结合短语或短句比单纯的长文本更好。

5. 引导用户前进

由于 VR 提供了 360°(亦称 720°)的全景视场,因此如何将用户的注意力快速集中在创作者希望他们关注的地方,也是在 VR 内容设计时需要注意的重点。在 VR 环境中,可以通过在虚拟场域内设置具有"吸引力"的元素,帮助聚焦用户的注意力。在此对吸引力元素进行归类和列举如下:

(1) 差异化构图

即借助内部画框、光线、"三角群"等手法实现深层次构图概念。

(2) 亮度对比

有意形成画面明暗区分,通常使较小面积的目标区域成为潜在"聚焦",也可用于营造某种氛围、情绪。在谷歌的 Spotlight Stories 系列 VR 动画作品中就经常使用这种方法,如 *On Ice*,如图 10-19 所示。

图 10-19　*On Ice* 中的亮度聚焦

(3) 色彩

主要是指运用色彩(包括色相、饱和度)之间的对比,突出预期的"吸引力"元素。例如 VR 电影《晚餐派对》(*Dinner Party*)中,整体场景为中调偏暗,女主角身着高饱和度的红色服装,如图 10-20 所示,则可以很容易地吸引观众注意力,从而帮助有效叙事。

(4) 肢体动作

即突出与环境反差的角色行为,制造聚焦。一是相对位置的移动化,即演员通过行走、奔跑等动作吸引受众视线,如 *Help*、《风雨无阻》;二是动作表现的差异化,即演员做出较大幅度或与周围不协调的动作,如《晚餐派对》中女主角突然打破盘子,制造了剧情悬念。

图 10-20　《晚餐派对》截图

（5）声音

声音是 VR 中越来越重要的元素，可以成为良好的引导工具。例如《血肉与黄沙》（*CARNE y ARENA*）、《山村里的幼儿园》《参见小师父》就以声音作为"吸引力"元素。

（6）表情

指角色面部的符号化表演，如夸张的神态、长时间的凝视等。在 VR 电影《神曲》《游牧民族》（*Nomads*）等作品中都有体现。

6. 始终保持头部追踪

头部追踪可以使虚拟空间中的物体保持在世界坐标中的固定位置，而不随着用户移动头部而变化。头部追踪是创造用户周围虚拟世界感知的重要组成部分。不要停止追踪用户在 VR 空间中的头部位置，即使头部追踪的短暂停顿也会破坏沉浸感。

因此，在设计 VR 内容时，最好是规避一些可能导致头部追踪意外暂停的软硬件因素。例如，当加载新场景或渲染大量 3D 对象时，可能会发生这种情况。谷歌 VR 设计指南建议在失去追踪之前画面淡出（转为黑场），并保持音频反馈，以给用户一个信号，表明应用程序仍在运行中。

以上是关于 VR 应用的内容设计建议和交互设计技巧，在开发时可以适当参考。同时也建议读者朋友们积极地在 VR 应用设计方面进行探索，因为 VR 在当前仍是一个较为新兴的媒介，对于它的各种创作研究几乎都处于起步阶段，这意味着在 VR 中的创作模式、创作技巧存在无限的可能和空间。

本章小结

本章开始，进入 VR 部分的学习环节。本章主要讲解 VR 技术原理与设计技巧，包括 VR 技术的基本原理、自然交互技术、VR 应用的领域、类型及其代表作，并详细讲解了 VR 交互设计技巧。了解 VR 技术原理、自然交互技术对于 VR 应用开发同样非常重要，能够在一定程度帮助开发者更加理解开发的方法与步骤。此外，VR 内容设计与交互设计都是 VR 开发中不可或缺的环节。随着 VR 及相关技术的发展，VR 应用开发中的设计部分将更加重要和系统化；关注和提升 VR 应用开发中的人文意义，亦是开发者们需要坚守的社会责任。

思考题与练习题

1. 请简述实现 VR 技术的基本原理。

2. 很多人认为,自然交互是 VR 发展的"终极"未来,请简述其中的触觉交互技术及其发展现状。

3. 在本章教学内容基础之上,选择 3 款不同类型的 VR 应用项目进行体验,并从内容、技术和用户体验角度分别进行阐述。

4. 请深入思考 VR 的人文意义和社会价值。

第 11 章 基于 HTC Vive 的 VR 开发基础

本章重点

- HTC Vive 操控手柄；
- SteamVR 的功能；
- SteamVR Plugin 的基本设置；
- 基于 InteractionSystem 的 VR 交互动作；
- InteractionSystem 的核心模块。

本章难点

- 手柄的绑定与参数设置；
- 基于 InteractionSystem 的 VR 交互动作。

本章学时数

- 建议 2 学时。

学习本章目的和要求

- 了解 HTC Vive 系列硬件及其操控手柄的基本知识；
- 理解 SteamVR 和 OpenVR 的功能；
- 掌握 SteamVR Plugin 的下载与导入方法；
- 掌握 SteamVR Plugin 的基本设置方法；
- 掌握使用 SteamVR Plugin 实现交互的方法；
- 理解 InteractionSystem 的核心模块。

11.1 认识 HTC Vive 系列硬件

当前的 VR 头显主要包括 PC 级、一体机、移动端(VR 手机盒子)三种类型。移动端 VR 通常只能提供三自由度的体验，而 PC 级、部分一体机能够提供沉浸感更高的体验。虽然现阶段一些品牌的一体机性能已经接近于 PC 级，但总体而言，PC 级头显能够满足更加复杂、多元化的开发需求。因此，本章将以 HTC Vive 系列头显为例，结合 SteamVR 插件，介绍 VR 开发的基本方法。

HTC Vive 系列是 PC 端 VR 设备的典型代表，曾在 2016"VR 元年"左右，其初代产品与 Oculus Rift、Sony PSVR 并称为 VR 头显三大品牌。Vive 使用了 Valve 公司的 SteamVR 软件技术，HTC 获得技术授权，并进行整合营销。

11.1.1 HTC Vive 系列简介

目前 HTC Vive 系列已陆续发布了多个版本，除了初代 Vive，还有 Vive Pro、Vive

Pro2、Vive Pro Eye 等专业版套装。Pro 版本能够满足专业级的 VR 用户需求，是简单易用的 PC VR 系统，可以实现坐姿、房间规模、大空间体验、多用户等模式。在性能方面，能够提

供较高的视觉保真度、清晰的立体音频和房间规模大小的精准追踪。

HTC Vive Pro Eye 属于 Vive 系列的高端商用版本，其在 Vive Pro 基础上主要增加了眼动追踪功能，在外观上稍有区别，如图 11-1 所示。

图 11-1　HTC Vive Pro Eye 外观

Pro Eye 利用 Tobii 眼动追踪技术改进了仿真、识别和计算过程。在眼动追踪方面的突出性能包括：面向并注视菜单即可实现 VR 中的页面指向、注视点渲染技术智能分配 GPU 负载、增强虚拟协作等。

此外，Pro Eye 还包括以下主要性能：

（1）优质的视觉保真度。双 OLED 显示屏，总分辨率为 2880×1600，PPI 为 615，能够让用户看见图形、文本和纹理等更多细节。

（2）声音更加丰富、有立体感。Pro Eye 采用 Hi-Res 认证和环绕立体声音频，头显自带高质量性能的耳机，以提升 VR 世界的声音体验，提升沉浸感。

（3）设计更加平衡舒适。头显采用自上而下式设计，易于佩戴，用户能够自由调节头箍大小、调整焦距，并且可以在佩戴近视眼镜时使用。

（4）创建多用户模式。Pro Eye 配备了 SteamVR 定位器 2.0 版，能够提供更加宽敞的 VR 体验范围、更高的追踪精度。当使用多用户模式时，并且追踪区域大于 7 m×7 m 时，能够借助于 4 个 2.0 定位器将追踪范围放大到 10 m×10 m 的空间范围。

按照 HTC Vive 官方网站的说明，适用于 Pro Eye 的最低 PC 配置如表所示。

表 11-1　适用于 Pro Eye 的最低 PC 配置

处理器	Intel Core™i5-4590 或 AMD FX 8350，同等或更高配置
GPU	NVIDIA GeForce GTX970 或 AMD Radeon R9 290 同等或更高配置
内存	4 GB RAM 或以上
视频输出	DisplayPort 1.2 或更高版本
USB 端口	1 个 USB 3.0 或更高版本的端口
操作系统	Windows 7，Windows 8.1，Windows 10 或 Windows 11 升级到 Windows 10 使用双前置摄像头以获得最佳效果 （Windows 7 操作系统在使用带有双摄像头的 VIVE Pro Eye 之前，需要下载并安装驱动程序）

此外，若要采用最佳商用 VR 方案，则推荐 GPU 为 NVIDIA GeForce GTX 1070、Quadro P5000 或更高版本，AMD Radeon Vega 56、Pro WX7100、FirePro W9100 或更高版本。

Pro Eye 与 Vive Pro 系列其他型号的主要区别就在于前者增加了眼动追踪功能，因此如果不需要眼动追踪功能或相关商业需求，也可以酌情选择 Vive Pro 系列其他型

号,开发流程基本一致。本书中涉及 Pro Eye 开发的实例,也都可以用 Vive Pro 其他版本替代。

11.1.2　HTC Vive 操控手柄简介

在虚拟世界中,手部交互是除了视觉、听觉之外最重要的因素,也是目前 VR 设备使用最多的交互方式。在 VR 开发中,交互模块通常都需要配合手柄控制器进行开发。例如面向 HTC Vive 系列的开发中,Vive 手柄是其中的控制主体。下面简要介绍 Vive 手柄。

初代 Vive 头显配备的是 Vive 手柄 1.0,Pro Eye 头显的手柄为 2.0 版本。两者除了外观颜色不同,主要区别在于传感器分别使用的是 SteamVR 追踪技术 1.0、2.0。Vive 2.0 手柄如图 11-2 所示。

图 11-2　Vive 2.0 手柄

Vive 官方网站给出了关于 Vive 操控手柄的介绍和使用说明。手柄上具有可被定位器追踪的感应器,使用手柄可以与 VR 世界中的虚拟对象进行交互。Vive 手柄的按钮等部件示意图如图 11-3 所示。

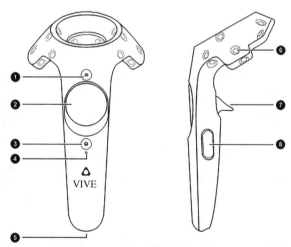

图 11-3　Vive 手柄部件示意图

各部件对应名称如下:①菜单按钮;②触控板;③系统按钮;④状态指示灯;
⑤Micro-USB 端口;⑥追踪感应器;⑦扳机;⑧手柄按钮

11.2　VR 开发工具简介

11.2.1　SteamVR 简介

SteamVR 是由 Valve 公司发布的一套 VR 软硬件解决方案，由 Valve 提供软件支持和硬件标准，授权技术给硬件生产伙伴，其中包括 HTC Vive、OSVR、微软 Windows MR 等。SteamVR 主要支持以下平台：HTC Vive 系列（包括基础版、Pro 系列、Cosmos）、Oculus Rift 系列、Windows Mixed Reality 设备（惠普、联想、戴尔等品牌 VR 头显）、Valve Index。

严谨而言，SteamVR 在不同的使用情境下可以指代两个概念，一个是指 SteamVR Runtime（即 SteamVR 运行时），是一个运行时环境，运行界面如图 11-4 所示，也称作 SteamVR 客户端，负责调用 Open-VR，为 Vive 硬件提供内容和反馈，主要功能包括提供房型设置、配对控制器、检测设备性能、映射显示器、固件升级等。

图 11-4　SteamVR 运行时面板

例如，当初次在计算机上配置使用 SteamVR 标准的 VR 设备（如 HTC Vive 系列）时，系统会打开 SteamVR 运行时提示用户进行房型设置、硬件配对。在 Unity 中对 VR 项目进行调试时，也需打开 SteamVR 运行时。SteamVR 运行时的操作方法比较简单，由于不是重点，此处不作赘述。

另一个概念是指 SteamVR Plugin（SteamVR 插件），是开发基于 SteamVR 的应用程序的必备工具。它提供最基本的 API，如抓取等动作和事件的调用，另一些相对高级的操作需要在此基础上再深度开发。因为其提供的接口比较基础，也就有了一些易用的工具，如自带的 VR Interactions 和 VRTK 等。

11.2.2　了解 OpenVR

OpenVR 是 Valve 公司开发的一套 SDK 和 API，用于支持 SteamVR 和其他多种 VR 设备。OpenVR 是一套不依赖于特定硬件的 API，基于 C++开发，是进行 VR 开发的基础且必要的 API，并且是免费开源的一套集合，它规定了开发 VR 所用到的通用接口。例如 SteamVR 就是基于 OpenVR 的虚拟现实解决方案，它作为桥梁串联起 OpenVR 底层驱动与用户输入。OpenVR 和 SteamVR 之间的关系如图 11-5 所示。

OpenVR 是一个 API 和运行时，它允许从多个供应商访问 VR 硬件，而不需要应用程序对目标硬件有特别的了解。其资源库是一个 SDK，其中包含 API 和示例。运行时在 Steam 工具中的 SteamVR 下。

图 11-5　OpenVR 和 Steam VR 的关系示意图

OpenVR API 为游戏提供了一种与 VR 显示器交互的方式，而无须依赖于特定硬件供应商的 SDK。它可以独立于游戏进行更新，以增加对新硬件或软件更新的支持。OpenVR 几乎适用于所有头显品牌（Oculus、Mixed Reality 系列、HTC Vive 等）。

此外，还有一个与 OpenVR 名称相近的"OpenXR"，在此一并介绍。OpenXR 是一套 VR/AR 开放标准，目前已有多家 VR 行业巨头参与制定，目的是解决设备多元化的问题，以实现跨平台的 XR 开发。

11.3　SteamVR Plugin 的下载与导入

SteamVR Plugin
的下载与导入

SteamVR Plugin 虽然不是 Unity 内置的，但也十分易于获取。有两种主要方法可以获取：一是通过 Unity 的 Asset Store，二是通过 Github 网站搜索"SteamVR"之后进行下载。

此处详细介绍第一种方法，打开 Unity 的 Asset Store，搜索 SteamVR，选择默认排序搜索结果中的第一个"SteamVR Plugin"，如图 11-6 所示。

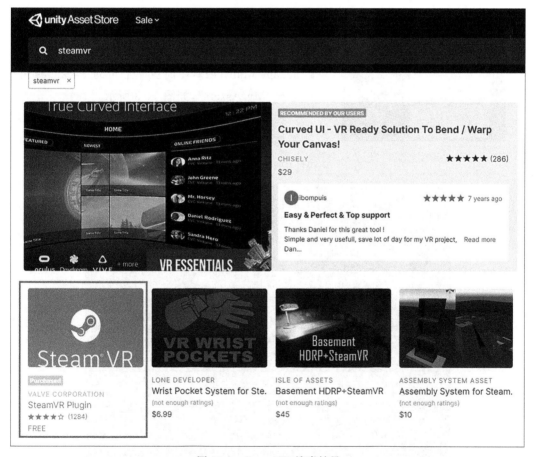

图 11-6　SteamVR 搜索结果

单击进入 SteamVR Plugin 页面之后，可以看到最新版的 SteamVR 插件的功能介绍、版本信息。单击"添加至我的资源"按钮，将其添加到个人的 Unity Assets 中，如图 11-7 所示。

图 11-7 "添加至我的资源"按钮

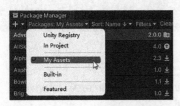

图 11-8 Packages 范围选择"My Assets"

　　然后打开 Unity，从菜单栏中选择【Window】｜【Package Manager】，在面板左上角的 Packages 范围中选择"My Assets"，如图 11-8 所示。

　　在 Package Manager 的搜索栏中搜索"SteamVR"，从左侧的搜索结果中选中"SteamVR Plugin"，然后单击"Import"按钮，如图 11-9 所示，将插件导入。

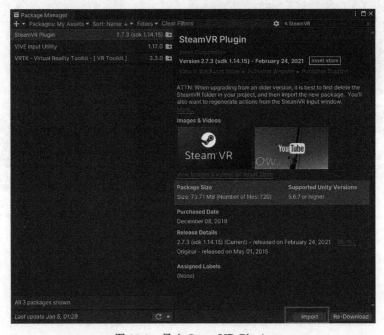

图 11-9 导入 SteamVR Plugin

在进而出现的"Import Unity Package"中继续单击"Import"按钮，导入 SteamVR Plugin 的全部资源。在导入完成时会出现两个对话框，一是"OpenVR Unity XR Installer"，提示用户 OpenVR 模块已经顺利安装，需要重启 Unity，如图 11-10 所示。单击"OK"按钮即可。

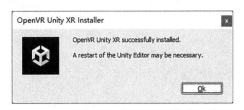

图 11-10　"OpenVR Unity XR Installer"对话框

二是"Valve.VR.SteamVR_UnitySettingsWindow"，这是一些与项目相关的配置，单击"Accept All"即可，如图 11-11 所示。系统会继续导入资源，并告诉用户做出了正确的选择。

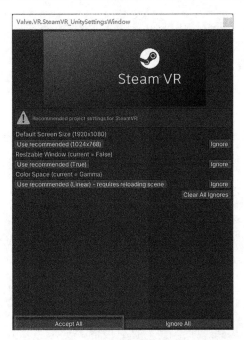

图 11-11　进行设置选择

在部分 Unity 版本中，系统还会自动打开 Project Settings 对话框，并自动勾选"OpenVR Loader"选项。如果没有自动打开此对话框，需要从菜单栏中选择【Edit】|【Project Settings】，在"XR Plug-in Managerment"选项卡中，勾选"OpenVR Loader"，以支持 SteamVR Plugin 在 Unity 中的正常使用，如图 11-12 所示。

在 SteamVR 2.X 版本中，包含了支持 OpenVR 架构的资源，因此在成功导入 SteamVR 插件后会弹出如图 11-10 所示的提示。与此相对应的是，可以看到 SteamVR 资源包中包含了一个名为"OpenVRUnityXRPackage"的文件夹，如图 11-13 所示。

之后就可以借助 SteamVR 进行 VR 环境设置、交互等方面的开发了，这里暂时不作介绍，在第 12 章中会有具体使用方法的详细讲解。

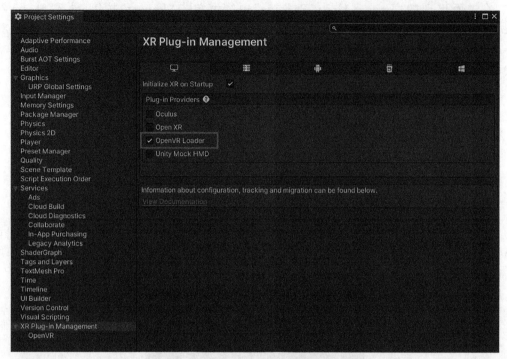

图 11-12　勾选"OpenVR Loader"

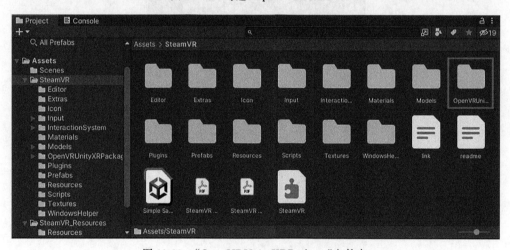

图 11-13　"OpenVRUnityXRPackage"文件夹

11.4　SteamVR Plugin 的基本设置

11.4.1　SteamVR Plugin 的组件介绍

SteamVR Plugin 中的核心模块是预制体[CameraRig]，将其拖至 Hierarchy 面板中，即可将当前场景实现"VR 化"。通常[CameraRig]位于顶层，其中挂载了很多重要组件，如

SteamVR_Controller Manager(控制器管理器)、SteamVR_Play Area(游戏区域)。SteamVR_
Controller Manager 用于管理所有控制器。如果系统包含其他控制器,如 Vive Tracker,可以扩
展该组件的 Objects 数组进行管理。SteamVR_Play Area 用于标识 VR 有效游戏区域。

11.4.2　手柄的绑定与参数设置

搭建好基本的 VR 场景之后,需要对手柄的输入动作参数进行配置,才可以试运行当前
项目。通常系统会在试运行之前自动打开"SteamVR Input"对话框,提示用户进行参数设
置,这将会从用户的 actions.json 文件中找到一个动作列表。如果项目的根目录中没有这个
文件,SteamVR 会建议用户复制其示例文件中的 actions.json。

示例文件中的 actions.json 中有三个动作集。一个用于一般操作,称为 default,两个是
对于场景中设备特定的。默认设置一直处于激活状态,而特定于设备的动作集仅在用户持
有该设备时才会激活。

11.4.3　SteamVR 输入系统

Action(动作)是 SteamVR Plugin 中的核心概念和部件之一。SteamVR Input System(输
入系统)将代码中与设备相关的特定部分抽象出来,因此开发者可以专注于用户的输入动作,
而不需编写代码来识别一些手柄操控细节,例如"将 Trigger 按键下拉 75% 来抓取 3D 对象"。

使用 Action(动作)的优势主要体现在两个方面:一是能够非常方便地进行多硬件平台
的适配,实现跨平台。因为一旦创建了动作,只要针对新平台进行 Action 的按键绑定即可,
不需要重新书写代码。二是针对单一平台时,能够减少需求变更时的代码修改工作。例如,
在同一个项目中有 1 000 个相同按键的输入判断,同样只需重新编辑动作的按键绑定即可,
大大简化了工作量。

SteamVR 将 Action 分为六种输入类型,和一种输出类型,如表 11-2 所示。

表 11-2　SteamVR 中的 Action 类型

输入/输出	类型	含义
输入	Boolean	布尔类型,值为 true 或 false
	Single	单个数值
	Vector2	两个数值
	Vector3	三个数值
	Pose	位置、旋转、速度、角速度
	Skeleton	手部每块骨骼的角度
输出	Vibration	驱动触觉电动机,即震动输出

11.5　基于 InteractionSystem 的 VR 交互

目前在 VR 项目中,最常用的交互方式是触碰和抓取物体,使用 SteamVR Plugin 即可
实现这些交互方式。本节将介绍其中的核心组成之一 InteractionSystem。

11.5.1　InteractionSystem 简介

InteractionSystem 是 SteamVR Plugin 中的核心组成之一,包括一系列的脚本、预制体和一些游戏资源。InteractionSystem 源自 Valve 发行的 *The Lab*,用户可以将其用于自己的项目中来创造一个交互系统。当 SteamVR Input 和新的 SteamVR 骨架输入系统被推出时,InteractionSystem 也开始随之更新。可以看到其包含 Core、Hints、Teleport 等文件夹。

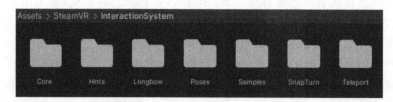

图 11-14　InteractionSystem 文件夹

InteractionSystem 可以作为如何使用 SteamVR Plugin 中新系统的例子,它包括以下示例:

（1）与 Unity UI 元素的交互;

（2）拾取、放下和投掷;

（3）投掷速度的多样化;

（4）弓和箭;

（5）轮交互（Wheel interactions）;

（6）简单的按钮;

（7）骨架输入的各种例子;

（8）传送;

（9）使用抓握对象;

（10）SteamVR 输入。

11.5.2　InteractionSystem 的示例场景

InteractionSystem 提供了一个具有丰富交互行为的示例场景,它可以帮助用户较为直观地了解 SteamVR 中创建交互逻辑的方法,并且可以为用户直接使用。一方面,大大简化了开发流程;另一方面,对于不擅编程的用户而言降低了开发难度。

InteractionSystem
的示例场景

在 Project 面板中,定位到 Assets＞SteamVR＞InteractionSystem＞Samples 文件夹,打开示例场景 Interactions_Examples.unity,如图 11-15 所示。

在连接好 VR 设备的情况下试运行,可以看到场景中放置了一些游戏对象,如弓箭台、靶架、遥控小车等。用户可以在 VR 场景里看见自己的"双手",左右手分别与两支手柄对应。通过按下手柄上的 Trackpad 键可以实现位置传送,如图 11-16 所示,画面中有蓝色或绿色高亮光圈的地方就可以通过"teleport"（传送）实现位置瞬移。

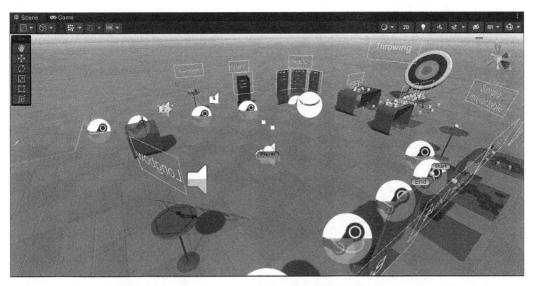

图 11-15　InteractionSystem 示例场景

图 11-16　实现位置瞬移

11.5.3　InteractionSystem 的核心模块

Player 是 InteractionSystem 的核心模块,它以预制体的形式存在于插件中,开发者可以直接将其拖至场景中使用。Player 对象本身包含了 Player 脚本等组件,如图 11-17 所示。

在 Hierarchy 面板中,展开 Player 对象,可以看见其包含以下对象:SteamVRObjects、FollowHead、InputModule、Snap Turn 等。在 SteamVRObjects 中,除了有 BodyCollider (身体碰撞器)、LeftHand(左手)等,还有 VRCamera(VR 相机),因此用户不用另外导入

［CameraRig］就可以实现 VR 场景，如图 11-18 所示。Player 封装了基本的 SteamVR 对象，能够实现查看 VR 场景、发送控制器事件等功能。

图 11-17　Player 对象的组件

图 11-18　Player 预制体的组成

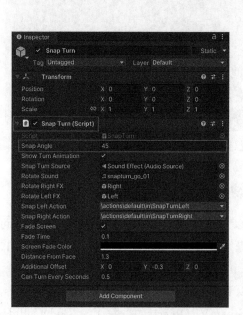

图 11-19　Snap Angle 参数

"VR 之父"杰伦·拉尼尔认为，手部交互是 VR 中最为重要的组成之一，这一观点也几乎为 VR 领域所公认。在 InteractionSystem 中，LeftHand、RightHand 是实现交互的主要模块，其位于 Player 中，可用于检测手柄是否与交互对象发生碰撞（接触），并根据当前的接触状态发送消息。

Player 预制体把适用于玩家的一些功能集成于其中，如 Snap Turn，当玩家按下手柄 Touchpad 的左边或右边时，会在场景中实现相应的身体转向，默认参数是一次转动 45°，用户也可以修改参数来改变效果。例如，修改 Snap Angle 参数，可以调整每次转向的角度值，如图 11-19 所示。后文将通过综合实例演示 Player 预制体的使用方法。

本章小结

　　本章主要讲解面向 HTC Vive 的开发基础。介绍了当前的主流 VR 设备 HTC Vive 系列硬件，以及相关的开发工具 SteamVR 和 OpenVR。讲解了 SteamVR Plugin 的下载和导入方法。详细讲解了 SteamVR Plugin 的基本设置，包括组件介绍、手柄的绑定与参数设置等内容。详细介绍了 SteamVR Plugin 中的 InteractionSystem，其为实现 VR 交互的核心部件。

思考题和练习题

　　1. 请简述 HTC Vive 操控手柄包含的按钮组件。

　　2. 请简述 SteamVR Plugin 的功能。

　　3. 请分别简述 SteamVR 中的 Action 类型。

第 12 章　面向 HTC Vive 的开发进阶

本章重点

- VIVE Input Utility(VIU)的使用方法；
- 使用 VIU 实现抓取 3D 物体；
- 使用 VIU 实现投掷 3D 物体；
- 使用 VIU 实现 VR 射线功能；
- 使用 VIU 实现 VR 瞬移功能。

本章难点

- VIVE Input Utility 的示例场景；
- 使用 VIU 实现 VR 瞬移功能。

本章学时数

- 建议 2 学时。

学习本章目的和要求

- 了解 VIVE Input Utility 的功能；
- 掌握 VIU 的安装与使用方法；
- 理解 VIU 的示例场景；
- 掌握使用 VIU 实现抓取与投掷 3D 物体的功能；
- 掌握使用 VIU 实现 VR 射线和瞬移功能。

12.1　VIVE Input Utility 简介

VIVE Input Utility(简称 VIU)是一个基于 SteamVR 插件的开发工具，能够辅助在 Unity 上开发 VR 应用，不仅具有专为 HTC Vive/Vive Pro 设计的功能，也兼容其他设备，如 Oculus Rift/Quest、Google Daydream、HTC Vive Focus 系列、Windows Mixed Reality 设备。

虽然单独使用 SteamVR Plugin 也能进行 HTC Vive 系列等 VR 设备的开发，但在获得控制器的输入状态或者设备状态时会形成冗余代码，例如：无论控制器是否被连接，都必须不断从 SteamVR——ControllerManager 获取正确的设备索引；定位 SteamVR_ControllerManager 也需要花很多功夫。而 VIU 能够给开发者提供更加便利的接口并减少冗余工作。

VIU 的主要功能包括:按照角色(例如左手/右手)访问设备输入/跟踪,而不是设备索引;可以将设备绑定到特定角色,帮助管理多个跟踪设备;UI 指针(EventSystem 兼容);传送;抓取/投掷物体。

VIU 还支持模拟器即 Simulator 模块的使用,Simulator 是一个模拟 VR 模块,能够生成和删除模拟跟踪和输入事件的模拟设备。模拟器允许开发者使用鼠标和键盘测试 VR 场景,而不需要 VR 设备。VIU 只有在没有检测到 VR 设备时才会启用模拟器。

12.2　VIVE Input Utility 的使用方法

VIVE Input Utility
的使用方法

使用 VIU 结合 SteamVR 能够更加快速地实现 VR 中的基本操作,例如:对物体的拾取、投掷,在 VR 空间内的瞬移(传送)等。

12.2.1　VIU 的安装

在 Unity 的 Asset Store 中搜索"VIVE"关键字,在搜索结果中选择"VIVE Input Utility",在插件的详细页面中单击"添加至我的资源",如图 12-1 所示,然后在 Unity 编辑器中从 Package Manager 中进行相应的下载和导入即可。

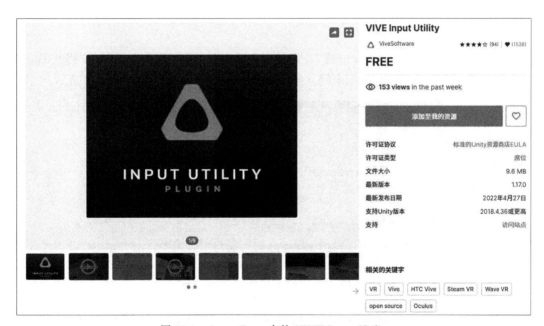

图 12-1　Asset Store 中的 VIVE Input Utility

导入到 Unity 之后,可以在 Project 面板中查看其主要资源文件,如图 12-2 所示。

图 12-2　VIU 的主要资源文件

12.2.2　VIU 的示例场景

VIU 的 Examples 文件夹中有很多实用的示例场景,展示的功能包括:UI 交互、抓取/投掷物体、传送等。Prefabs 文件夹里是预制体,包括 VR 相机、手柄碰撞体、UI 射线、贝塞尔曲线等。下面简要介绍其中几个较为具有代表性的案例场景。

1. UGUI 场景

此场景中主要展示了 Unity 中的 UI 组件在 VR 中的应用,包括 Button(按钮)、Toggle(开关)、Slider(滑动条)、InputField(输入栏)等组件的示例,运行画面如图 12-3 所示。

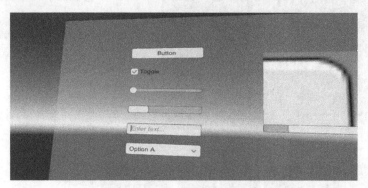

图 12-3　UGUI 场景运行效果

其中 InputField 可以使用虚拟键盘进行文字输入,此功能由脚本"Overlay Keyboard Sample"实现,有兴趣的读者可以自行查阅。

2. 3DDragDrop 场景

此场景中展示了在 VR 场景中的 3D 对象交互示例,包括 3D 物体的远/近抓取、投掷等动作。用控制手柄指向 3D 物体,并按下 Trigger 键,即可实现远抓取,效果如图 12-4 所示。

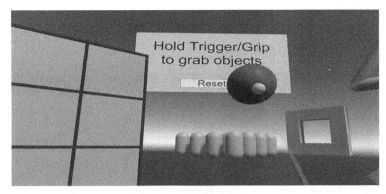

图 12-4　3D 物体的远抓取

用控制手柄指向 3D 物体,按下 Trigger 键的同时按下 TouchPad 键,即可实现近抓取,效果如图 12-5 所示。

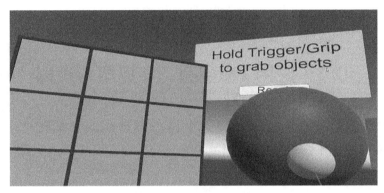

图 12-5　3D 物体的近抓取

3. ControllerManagerSample 场景

此场景主要展示 Vive 手柄控制器的基本操作示例,包括:传送(Teleport)、抓取/投掷物体、改变材质等。其中包含三个脚本:ChangeMaterialToButtonColor、ShowMenuOnClick、SpawnObjectOnTrigger。例如按下按钮可以显示"Change Box color"UI 面板,并且可以通过按下上面的颜色按钮改变立方体的材质颜色,如图 12-6 所示。

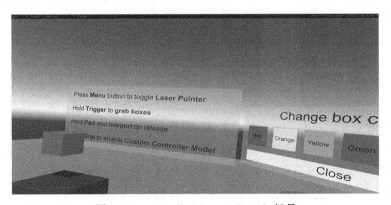

图 12-6　ControllerManagerSample 场景

4. TrackedHandUGIInteraction 场景

这个场景主要展示使用 Vive 手柄对 3D 物体进行直接控制的综合示例,功能包括:传送、触碰改变材质、抓取/投掷物体等,如图 12-7 所示。

图 12-7　TrackedHandUGIInteraction 场景

12.3　使用 VIU 实现 VR 抓取与投掷

借助于 VIU 插件,可以很轻松地实现使用 VIVE 手柄抓取、投掷 3D 物体等功能,本节对其方法进行讲解和演示。

使用 VIU 实现
VR 抓取与投掷

12.3.1　准备工作

打开 Unity Hub,新建一个 3D 项目,本例使用的是 Unity 2021.3.5 版本,其他版本也同样适用。

在 Unity 的菜单栏中选择【Window】|【Package Manager】选项。如果之前已经在 Asset Store 中获取过 SteamVR Plugin、VIVE Input Utility 这两个资源,则在面板左上角的 Packages 范围中选择"My Assets"。否则需要先从 Asset Store 中下载这两个资源。

依次将 SteamVR Plugin、VIVE Input Utility 两个插件下载并导入到当前项目中。

由于在 VR 项目中使用的是 VR 相机,因此首先删除原有的 Main Camera。然后,在 Project 面板中定位到 Assets > HTC.UnityPlugin > ViveInputUtility > Prefabs 文件夹中。此文件夹里是 VIU 插件内含的一些重要的预制体,例如 ViveColliders、VivePointer、ViveRig 等。这里选择 ViveRig 预制体,拖至场景中。此时试运行,即可在 Vive 头显中看到一个空白的 VR 环境。

在当前场景中新建一个 Plane 作为地面,以及一个 Sphere、Cube 对象,作为测试使用,再另外创建 Cube 对象,调整 Scale 和 Position,作为四面的墙体。为这些 3D 对象分别赋予不同的颜色材质,场景的透视图和正交视图效果分别如图 12-8、图 12-9 所示。

当前 Hierarchy 面板中的场景对象如图 12-10 所示。

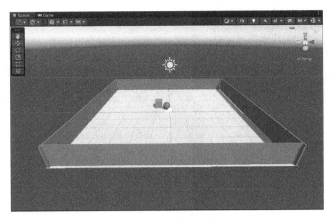

图 12-8 场景的透视图

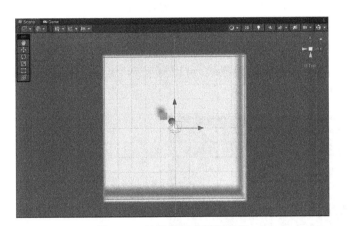

图 12-9 场景的正交视图效果

图 12-10 Hierarchy 面板中的场景对象

12.3.2 抓取 3D 物体

VIU 中的"Basic Grabbable"脚本可以实现
抓取 3D 物体的功能。在当前场景中,选中
"Sphere"对象,在 Inspector 面板中单击最下方的
"Add Component"按钮,按关键字搜索,添加
"Basic Grabbable"脚本组件,如图 12-11 所示。

运行当前场景,将 Vive 手柄放置于球体上,
按下 Trigger 键,即可抓取物体,松开 Trigger
键,即可放下物体,如图 12-12 所示。对于没有添
加 Basic Grabbable 脚本的 Cube 对象,则不能实
现抓取功能。

在 VIU 插件中还有一个组件也能实现抓取
功能,即"Sticky Grabbable"脚本。在场景中选中

图 12-11 Basic Grabbable 脚本组件

图 12-12 抓取 3D 物体效果

Cube 对象,在 Inspector 面板中添加组件"Sticky Grabbable"。此脚本与"Basic Grabbable"的区别在于按下 Trigger 键之后可以"黏住"3D 物体,即使松开按键也能让物体附着在手柄上,并多了一个"Toggle To Release"选项,如图 12-13 所示。默认情况下是勾选的状态,即按下 Trigger 键即可黏住物体,再次按下 Trigger 键可以放下物体;若取消勾选,则不能通过再次按 Trigger 键放下物体。通过对两个组件的使用比较,可以感受到"Basic Grabbable"更加符合人的手部习惯,因此通常此组件使用相对较多。

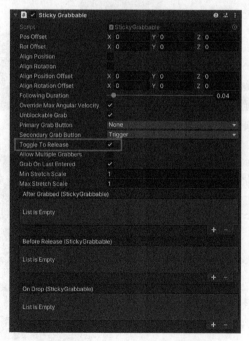

图 12-13 "Toggle To Release"选项

12.3.3 投掷 3D 物体

VIU 中的 Throwable 脚本组件能够实现对 3D 物体的投掷,这也是在 VR 应用中的常用功能。选中场景中的 Sphere 对象,在 Inspector 面板中单击"Add Component"按钮,按关键字搜索，添加"Throwable"组件。此时，系统除了添加 Throwable 脚本组件之外，还会自动添加 Interactable 脚本组件和 Rigidbody 组件，如图 12-14 所示。

图 12-14　"Throwable"及其附加组件

在 Unity 中运行当前场景进行测试，在用 Vive 手柄抓取 Sphere 对象之后即可将其抛出。

12.4　使用 VIU 实现 VR 射线和瞬移功能

12.4.1　射线功能

使用 Basic Grabbable 组件仅能抓取近处的物体，有时需要在 VR 应用中直接抓取远处的物体（可以参考"2DDragDrop"等案例场景中的示范），则可以借助于 VivePointer 等组件实现。

使用 VIU 实现 VR
射线和瞬移功能

在当前场景中新建一个球体，命名为"FarSphere"；将之前的"Sphere"更名为"NearSphere"。调整 FarSphere 的 Scale 属性，使两个球体的大小明显不同，并为其赋予不同的颜色材质，将其位置放在距离 ViveRig 更远的地方，如图 12-15 所示。

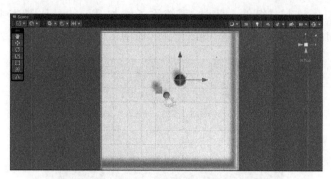

图 12-15　场景俯视图效果

在 Project 面板中定位到 Assets ＞ HTC.UnityPlugin ＞ ViveInputUtility ＞ Prefabs，选择预制体"VivePointers.prefab"拖至 Hierarchy 面板中，添加射线功能对象。运行场景，按下手柄上的 Trigger 键即可看到手柄发出射线，对准 3D 对象时，射线与物体的相交处会有一个小球，如图 12-16 所示。

图 12-16　射线效果

在选中"FarSphere"对象的情况下，在 Inspector 面板中为其添加"Draggable"脚本组件，如图 12-17 所示。此脚本让 3D 物体能够在控制器发出射线指向的情况下被拖拽。

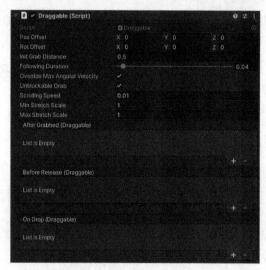

图 12-17　"Draggable"脚本组件

运行当前场景,使用手柄对准 FarSphere 对象,按下 Trigger 键,即可对其进行拖拽,如图 12-18 所示。继续为 FarSphere 对象添加"Throwable"组件,即可实现投掷功能。

图 12-18　射线拖拽效果

12.4.2　瞬移功能

瞬移功能即位置传送,可以借助于 VIU 的"Teleportable"脚本实现。在 VR 应用中,位置传送的射线通常用曲线表示,因此在当前场景中删除 VivePointers 预制体,然后将 VIU 插件包中的 "ViveCurvePointers"预制体拖至 Hierarchy 面板中,当前 Hierarchy 面板如图 12-19 所示。

本例中,由于瞬移功能是作用于地面上,因此选中地面"Plane"对象,在 Inspector 面板中为其添加 Teleportable 脚本,如图 12-20 所示。

图 12-19　Hierarchy 面板中的对象

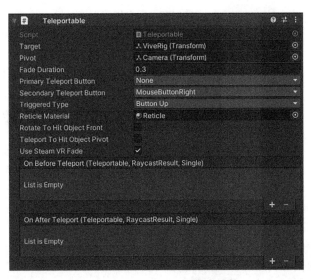

图 12-20　Teleportable 脚本组件

此外,还需为 Plane 对象添加 Rigidbody 组件,并且勾选"Is Kinematic"选项,如图 12-21 所示,否则会报错、无法正常运行。

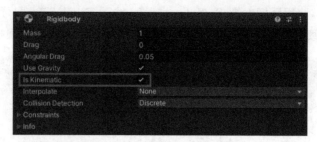

图 12-21　"Is Kinematic"选项

运行当前场景,使用 Vive 手柄对准"地面"上想要到达的位置,按下 TouchPad 键再松开,即可实现瞬移功能,如图 12-22 所示。

图 12-22　实现位置瞬移功能

本章小结

本章内容主要是面向 HTC Vive 的开发进阶。首先介绍了 VIVE Input Utility(VIU)工具,及其下载和导入方法。然后讲解并演示了 VIU 工具的使用方法,包括使用的准备工作、实现 VR 中对 3D 物体的抓取和投掷,以及手柄发出射线、实现位置传送的方法。

思考题和练习题

1. 请简要阐述 VIVE Input Utility 的主要功能。

2. 参考本章介绍内容,设计一个具有主题的 VR 应用场景,在其中实现物体的抓取、投掷,以及 VR 用户的位置传送等交互功能。

3. 请查看 VIVE Input Utility 资源包中的示例场景,了解其中 UI 系统交互功能的实现原理与基本方法。

第 13 章　VR 中的世界坐标系 UI

本章重点

- VR 中的 UI 及其类型；
- VR 中的 UI 设计建议；
- Unity 中的 Canvas；
- 使用 SteamVR 设置 VR 环境；
- 制作多种类型的 VR UI。

本章难点

- VR 中的核心设计挑战；
- Canvas 的使用方法。

本章学时数

- 建议 2 学时。

学习本章目的和要求

- 了解 VR 中的 UI 及其类型；
- 理解 VR UI 的交互方式和设计建议；
- 掌握 Unity 中 Canvas 的使用方法；
- 掌握使用 SteamVR 设置 VR 环境的方法；
- 掌握制作 VR 中护目镜 UI、挡风玻璃 UI 的方法。

13.1　VR 中的 UI

13.1.1　UI 简介

UI(User Interface,用户界面)是一款软件(如游戏、移动 App)中必不可少的元素。在传统游戏中,UI 对象通常作为一个叠加层渲染在屏幕空间画布中。屏幕空间 UI 类似于一块粘在显示屏上的纸版,而游戏操作叠加于其后。如图 13-1 所示是《刺客信条：辛迪加》(*Assassin's Creed：Syndicate*)的游戏截图,画面上方的 UI 显示了游戏中的重要信息。

现在的 UI 也通常可等同于 GUI(Graphical User Interface,图形用户界面),是指以图形方式显示的计算机操作用户界面。在计算机或移动设备上,GUI 允许用户使用鼠标等输入设备操纵屏幕上的图标或菜单选项,以选择命令、调用文件、启动程序或执行一些其他的常规任务。与通过键盘输入字符或文本命令来完成任务的字符界面相比,GUI 具有更加直观、方便、人性化等优点。

图 13-1 《刺客信条：辛迪加》游戏 UI

例如在视频游戏中，GUI 通常叠加在主游戏界面之上，通过状态消息、仪表盘、菜单、按钮、滑动条等控件将信息传达给玩家。这种方式能够让玩家操作起来更加简单、方便。如图 13-2 所示是游戏《离开林都》（*Leaving Lyndow*）的 UI 截图。

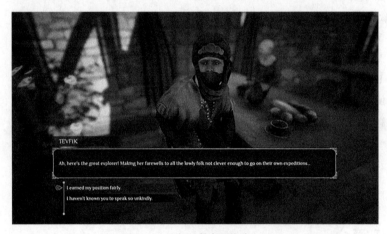

图 13-2 《离开林都》游戏 UI

13.1.2 VR 中的 UI

VR 由于其 360°的视场范围，使得屏幕画框的概念在 VR 中几乎消失，因此 VR 中的 UI 不同于基于桌面端、手机端等 APP 的 UI，但有趣的是，第一部 VR HMD 的诞生时间远早于第一个桌面端 UI。

在 VR 环境中有两个立体摄像机，需要为双眼都准备好单独的视图。传统游戏可能依赖于屏幕边框来定位 UI，例如进度条放置在屏幕右上方、背包信息放在屏幕左侧等。但是在 VR 的开放视场中，是不存在屏幕"边缘"概念的，这对于 VR 的 UI 设计而言是一个挑战。

在 VR 中的 UI 元素通常是放进世界坐标系,而不是屏幕坐标系,因为前者意味着以空间作为参照系,而后者以二维平面作为参照。

如图 13-3 所示是 VR 音游《节奏光剑》的游戏界面,可以看到 UI 置于虚拟空间中,对于玩家而言能够感受到 UI 在空间中的位置,并且当玩家移动时,UI 也会随之移动。

图 13-3　《节奏光剑》游戏界面

13.1.3　VR 中的 UI 类型

如前所述,在 VR 中通常把 UI 元素放进世界坐标系中,根据 UI 在 VR 空间中的位置、外观、运动属性等特征,可以将 VR 中的 UI 分为以下类型。

1. 护目镜平视显示器

这种 UI 就像人们佩戴的护目镜一样,无论用户的头部如何移动,UI 画布始终在双眼的正前方。这是目前 VR 应用中使用较多的一种 UI 类型。

2. 挡风玻璃平视显示器

这种 UI 就像人们在驾驶时车前方的挡风玻璃,通常是一个浮动在 VR 空间中的弹出面板,它不会随着用户扭头而移动,而是处于一个相对固定的位置。

3. 十字光标

与护目镜平视显示器类似,用一个十字或箭头光标选择场景中的物体。这种方式较多用于三自由度 VR 应用中,因为难以使用手柄进行追踪控制,因此通常使用目光凝视与十字光标相结合的方式来与 VR 中的物体进行交互。

4. 游戏元素

这种 UI 在 VR 空间中作为游戏界面的一部分,像是体育馆中的计分板。它的位置也是相对固定,在 VR 游戏中通常作为交互点而自然存在。

5. 信息气泡

信息气泡是指附加到 VR 中的对象上的 UI 消息,看上去像是漂浮于角色头部附近的浮想气泡。信息气泡并不是显式存在于 VR 场景中,通常需要使用交互方式将其唤出,如图 13-4 所示。

6. 游戏内仪表盘

游戏内仪表盘也是游戏界面的一部分,通常位于玩家的腰部,或桌面的常规高度。玩家在稍稍低头俯视时就能看见。

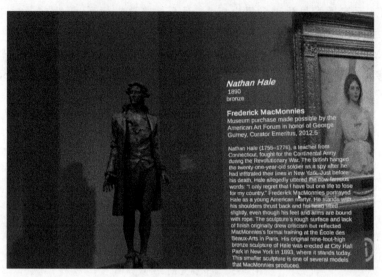

图 13-4　信息气泡式 UI

7. 腕部菜单

　　腕部菜单的位置通常是相对固定于手柄控制器,可以在玩家的一只手上显示菜单,用另一只手选择并使用所选工具,如图 13-5 所示。

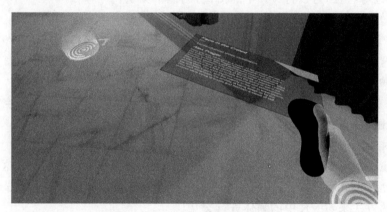

图 13-5　VR 中的腕部菜单 UI

13.2　VR UI 的设计原则

13.2.1　VR 中的 UI 设计挑战

　　如前所述,VR 内容依赖于媒介的表现形式是不同于桌面网页、手机端 App 等二维应用的,因此在当前 VR 的发展早期,UI 设计中存在一些"转型"式的挑战,主要包括两个方面。

1. 内容放置与定位

对于手机、平板电脑和笔记本电脑，App 设计者在之前就知道它们的外形尺寸和屏幕尺寸。但是在 360°的 VR 空间中，这种关于外形因素和屏幕尺寸的基本信息取决于 VR 内部虚拟环境的设计和布局，例如虚拟对象的位置等。因此，外形因素和屏幕尺寸可以说是基于各个 VR 项目"量身定制"的。

2. 用户安全至关重要

由于 VR 能够产生强大的沉浸感，因此用户安全也是 VR 开发者需要关注的因素。在 VR 设计中，人因健康非常重要，VR 内容应该严格遵守符合人类健康的习惯和运动标准。否则，缺乏人因健康的人体工程学设计会让用户产生明显的身体不适，例如前文提及的 VR 晕动症。此外，在内容的选择上也应该避免过于恐怖、刺激的画面。

13.2.2　VR 中的主要输入方式

目前，在 VR 应用中主要有三种输入方式：基于射线的输入、基于凝视的输入、基于手部的输入。

1. 基于射线的输入

这种输入方式是指用户在 VR 应用中对着需要控制的虚拟对象，按下控制器上的相应按键，控制器会持续投射激光束，从而可以选中或直接操纵对象。这是目前在 VR 应用中与虚拟对象进行交互的主要方式。图 13-6 所示为基于射线的位置传送。

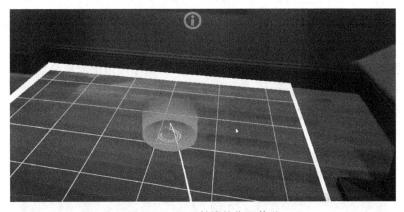

图 13-6　基于射线的位置传送

2. 基于凝视的输入

基于凝视的输入假设用户在 VR 中对一个虚拟对象的持续注视意味着对其感兴趣。此方法包括一个视觉标记，标记停留在用户视野的中心，并不断跟随用户的眼球运动。这种输入方法快速便捷，不过也具有一定的挑战性，因为有时玩家会在不经意时移动目光。例如在《史密森尼美国艺术博物馆：无界》（*Smithsonian American Art Museum：Beyond the Walls*）、《夜间咖啡馆 VR》等 VR 体验的开场部分就采用了这种凝视交互方式，如图 13-7 所示。

图 13-7 《史密森尼美国艺术博物馆：无界》中的凝视交互

3. 基于手部的输入

手部输入是最直观和自然的交互方式，它为用户提供了很大的自由，可以使用不同类型的手势与虚拟世界进行交互。与之前的输入方式不同，这种方式通常要求交互对象在用户伸手可及的范围内，以便操作它们。因此，基于手部的输入有时会与基于射线的输入相结合使用，以获得最佳效果。

13.2.3　VR 中的 UI 设计建议

关于 VR 中的 UI 设计，目前已经有了一些相关的研究。例如 Mike Alger 在论文《虚拟现实的视觉设计方法》(*Visual Design Methods for Virtual Reality*，2015)中主要针对三自由度的坐式 VR 应用提出了"内容区"(Content Zones)的概念，虽然与六自由度有所不同，但仍可以给予一定启发。Mike 认为，由于人类可以在脖子不动的情况下看向任何方向约 30°，稍用力则可以达到 55°～60°，因此用户前方 60°的区域可用于放置最重要的 UI 元素，叠加于其上的同心 120°区域可以放置次要 UI 元素。并且，由于人们倾向于查看水平线以下 6°左右的位置，因此 UI 在垂直方向不应该放在正中心，而是略低于水平线。再结合受众的头部习惯和舒适度等因素，Alger 提出的 VR"内容区"如图 13-8 所示。

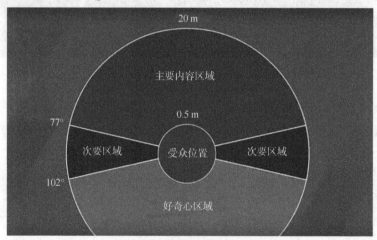

图 13-8　Alger 提出的 VR"内容区"

Alger 认为,在距离用户 0.5 m 以内的范围内,即图中的"受众位置区"不应有持久的用户界面,因为事物看起来太近就无法集中注意力,但此区域适合于使用手势或与菜单 UI 进行交互。0.5~20 m 之间的距离被认为是"黄金区域"(Goldilocks zone)即"主要内容区域",对于内容放置而言既舒适又有意义。设计师可以在此区域放置最重要的内容和 UI。在用户不扭头的情况下,"次要区域"的任何内容只能被周边视觉检测到,因此不适合放置任何重要的内容。在用户的背后是不扭头、不转身则看不见的地方,若想放置一些带有悬念的、未知的内容,则可以选择此区域,因此称其为"好奇心区域"。

13.3　Unity 中的 Canvas

Unity 中的 Canvas

13.3.1　Canvas 的创建

在 Unity 中,UI 元素都是依附于一个 Canvas(画布)对象之上,Unity 对 Canvas 介绍如下: Canvas 是一个所有 UI 元素都必须包含于其中的区域。Canvas 是一个带有 Canvas 组件的游戏对象,所有 UI 元素都必须是这个 Canvas 的子对象。可以说,Canvas 是 UGUI(Unity Graphical User Interface,Unity 图形用户界面)中所有 UI 元素能够被显示的基础。Canvas 主要负责渲染其所有子对象 UI。一个场景中允许存在多个 Canvas,可以分别管理不同的渲染模式、分辨率适应方式等参数。若无特殊需求,使用一个 Canvas 附加多个 UI 元素即可。

要创建 Canvas,有两种方法。一种是在 Hierarchy 面板中单击右键,选择【UI】|【Canvas】即可,或从【GameObject】菜单中选择此选项。另一种是直接创建一个 UI 元素,例如在 Hierarchy 面板中单击右键,选择【UI】|【Panel】创建一个面板,如果当前场景中还没有 Canvas,Unity 就会自动创建一个 Canvas,并将 Panel 设为其子对象。Canvas 区域在场景视图中显示为矩形,因此开发者可以比较容易对 UI 元素进行定位。此外,还会自动创建 EventSystem,这是用于对 UI 元素进行消息传递的对象。以上如图 13-9 所示。

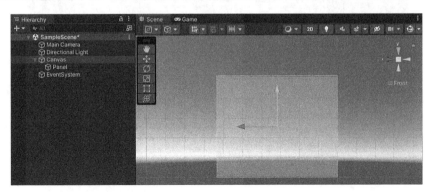

图 13-9　Canvas 和 EventSystem

13.3.2　UI 元素的绘制顺序

Canvas 作为 UI 元素的依附对象,其名称"画布"很形象地描述了实现 UI 的原理。由于一个 Canvas 上通常有多个 UI 元素,因此其摆放顺序也很重要。UI 元素的顺序和 Photoshop 等软件中的"图层"顺序相似,即按照它们在 Hierarchy 面板中出现的顺序进行绘制。先绘制第一个 UI 元素,再绘制第二个 UI 元素,依次类推。如果两个 UI 元素位置重叠,则后面的 UI 元素会出现在之前的 UI 元素上面。例如在当前场景中,由于"Image"(场景中的粉色矩形)在"Button(Legacy)"之后创建,因此场景中的按钮被其遮盖,如图 13-10 所示。

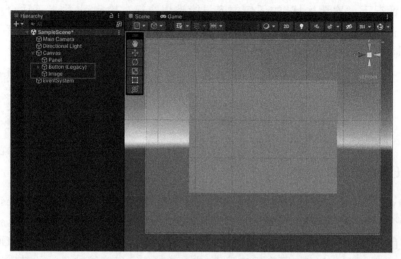

图 13-10 Button(Legacy)被 Image 遮盖

要将按钮调至粉色矩形的上方,只要在 Hierarchy 面板中将"Image"拖至"Button(Legacy)"之上即可,场景里的 UI 元素对象会相应地变换叠加顺序,如图 13-11 所示。

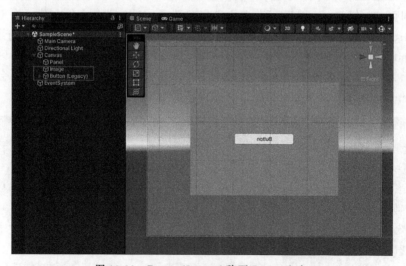

图 13-11 Button(Legacy)移至 Image 上方

此外,也可以在编写脚本时,通过调用 Transform 组件上的 SetAsFirstSibling、SetAsLastSibling、SetSiblingIndex 方法对 UI 元素的层次顺序进行重新排列。

13.3.3 渲染模式

UI 在 2D、3D 和 VR 环境中呈现的方式相异,原理也有所不同。在前文介绍过呈现方式的相关内容,此处不再赘述。在 Unity 中,如何实现 UI 在不同维度虚拟环境中的呈现方式,主要通过设置 Canvas 的"Render Mode"(渲染模式)选项来实现,其决定 UI 是在屏幕空间还是世界空间中渲染。

选中场景中的 Canvas 对象,在 Inspector 面板中打开 Canvas 组件下 Render Mode 选项的下拉菜单,其中包含三个选项,即 Canvas 的三种渲染模式:Screen Space-Overlay(屏幕空间-叠加)、Screen Space-Camera(屏幕空间-摄像机)、World Space(世界空间),如图 13-12 所示。

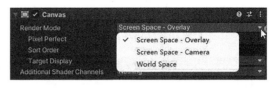

图 13-12　Canvas 的三种渲染模式

下面分别介绍。

1. Screen Space-Overlay

这是 Unity 中的默认渲染模式,可以将 UI 元素放置在场景顶部的屏幕上。如果屏幕大小或分辨率有所调整,则 Canvas 将自动改变大小以与之匹配。

2. Screen Space-Camera

此种渲染模式与第一种相似,主要区别是在此种渲染模式下,Canvas 被放置在指定相机前面的给定距离。UI 元素由此相机渲染,也就是说相机的设置会影响 UI 的外观。如果相机的 Projection 设置为 Perspective,则 UI 元素将会以透视方式呈现,并且透视形变的数量可以由相机的 Field of View 参数控制。如果屏幕大小、分辨率或相机视锥体有所调整,Canvas 也会自动改变大小以与之匹配。这种渲染模式下,Canvas 好像是"吸附"在某个相机的视场中,如图 13-13 所示。

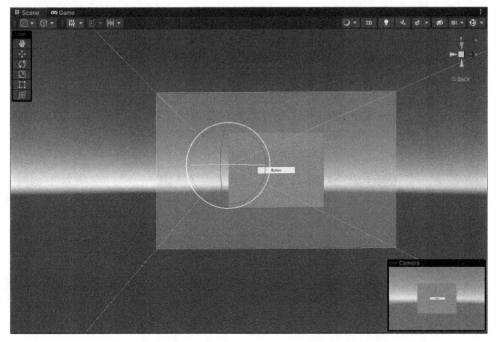

图 13-13　Screen Space-Camera 渲染模式效果

3. World Space

在这种渲染模式下,Canvas 将如同场景中其他对象而存在,也是在 VR 应用中需要为 Canvas 设定的渲染模式。Canvas 的大小可以通过 Rect Transform 选项栏进行设置,UI 元素将根据其 3D 坐标位置呈现在场景中,与其他 3D 对象之间也会形成位置的相互关系,如图 13-14 所示。如果想让 UI 成为虚拟世界的一部分,则可以选择此种模式,这也被称为"叙事界面"(diegetic interface)。

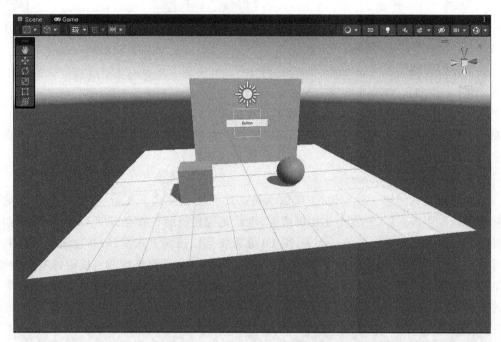

图 13-14　World Space 渲染模式效果

13.3.4　Canvas 的使用方法

Canvas 提供了很多有用的选项和参数,能够灵活适应多种 UI 布局,并且适用于网页、移动 App、VR 等类型的应用中。不过,其选项的灵活性和多样性也可能对初学者而言稍显复杂。本部分将对 Canvas 的基本使用方法进行介绍。

首先创建一个 Unity 3D 项目,将默认场景另存为"UIScene"。在场景中创建一个 Plane 对象,在 Inspector 面板中单击 Transform 组件最右侧的按钮,选择"Reset",确保其位置等属性为默认参数,如图 13-15 所示。

图 13-15　Reset 选项

创建一个淡黄色的材质球,拖至 Plane 对象上,更改其颜色。

在默认场景的 Hierarchy 面板中单击右键,选择【UI】|【Canvas】,新建一个 Canvas。在 Inspector 面板中,将其 Render Mode 设置为 World Space,如图 13-16 所示。

图 13-16　设置 Render Mode

在 Inspector 面板中,将 Canvas 的 Rect Transform 组件重置为默认参数,方法同上。将其 Scale 属性设置为:X＝0.001,Y＝0.001,Z＝0.001。将 Width 设置为 800,Height 设置为 600,因此 Canvas 的宽高比为 4∶3,如图 13-17 所示。

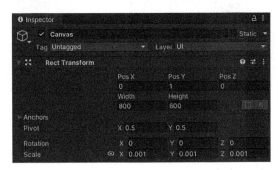

图 13-17　设置宽高

Canvas 在当前场景中的效果如图 13-18 所示。

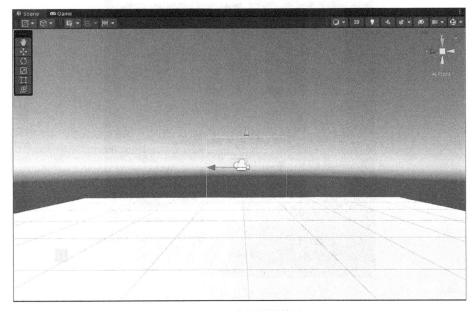

图 13-18　当前场景效果

在 Hierarchy 面板中选中 Canvas,单击右键,选择【UI】|【Image】,为 Canvas 创建子对象 UI 元素 Image。创建的 Image 默认宽高为 100×100,下面进行调整。单击 Rect Transform 面板左上角的"Anchor Presets"按钮,如图 13-19 所示。

弹出 Anchor Preset 面板,按住 Alt 键的同时单击右下角的"Stretch/Stretch"按钮,如图 13-20 所示,将 Image 填满整个 Canvas。

图 13-19 "Anchor Presets"按钮

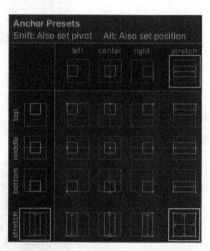

图 13-20 "Stretch/Stretch"按钮

在 Inspector 面板中,将 Color 设置为一种浅蓝色,并将 Color 面板中的 Alpha 通道参数设置为 128,将 Image 设置为半透明效果,如图 13-21 所示。

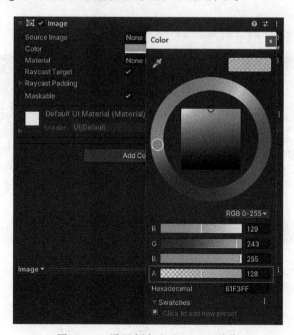

图 13-21 设置颜色和 Alpha 通道值

然后，向 Canvas 上添加 UI 元素 Text。选中 Canvas，单击右键，选择【UI】|【Legacy】|【Text】（在 Unity 2020.x 之前的版本中，对应的是【UI】|【Text】），创建 Canvas 的子对象 Text(Legacy)。

选中"Text(Legacy)"，在 Inspector 面板的 Text 文本框内分行输入文字"你好，VR 世界！""Hello，VR World！"。由于文字的默认字号较小，因此需要进行调整。

首先调整文本框的大小。有两种方法，一种是在 Inspector 面板中直接设置 Width/Height 或 Scale 属性的参数值，另一种是从工具栏中选择"Rect Tool"工具直接拖动文本框的边界进行设置。此处直接设置参数：Width＝700，Height＝500。

然后，设置文字参数：Font Size＝60，Line Spacing＝1.6；Paragraph 属性组的 Alignment 设置为水平居中、垂直居中；Color 设置为饱和度较高的蓝色。Inspector 面板和场景效果分别如图 13-22、图 13-23 所示。

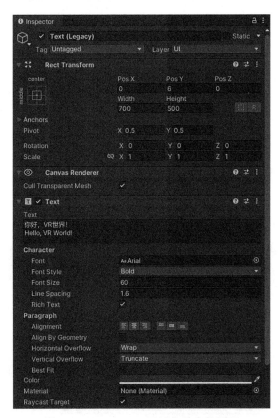

图 13-22　Inspector 面板中的参数设置

可以看到，文字的大小和位置都比较合适，但看上去有些模糊。选中 Canvas，将其 Canvas Scaler 组件中的 Dynamic Pixels Per Unit 设置为 3。可以看到 Canvas 上的文字变清晰了。

至此，我们制作了一个简单的世界空间 UI 画布，并且在上面添加并编辑了 Image 和 Text 两种 UI 元素。其他类型的 UI 元素创建与编辑方法与此大致相同，此处不再详细讲解。

图 13-23　当前场景中的 Canvas 效果

13.4　VR UI 的创建

VR UI 的创建

本节将介绍 VR 中不同类型 UI 的创建方法。由于可以在 13.3 节基础上继续制作,因此将之前的 Canvas 转换为预制体。在 Project 面板中创建"Prefabs"文件夹,将 Canvas 对象从 Hierarchy 面板中拖至其中,成为预制体。Hierarchy 面板中 Canvas 及其子对象的字体会变为蓝色,如图 13-24 所示。

图 13-24　制作 Canvas 预制体

13.4.1　设置 VR 环境

在当前项目中导入 SteamVR Plugin,由于在第 11 章中已经介绍过下载、导入和初始化 SteamVR Plugin 的方法,此处不再赘述。

在 VR 环境中,视图不再是由场景中原有 Main Camera 实现,而是需要相应的使用 VR 相机。在 Project 面板中,定位到【Assets】|【SteamVR】|【Prefabs】|【CameraRig】,将其拖至 Hierarchy 面板中,成为 VR 相机。由于 Main Camera 不再适用,因此将其删除。

　　确保 CameraRig 的位置为原点,将 Canvas 调整到位于其前方稍远些的位置。暂时隐藏 Plane 对象,场景俯视效果如图 13-25 所示。

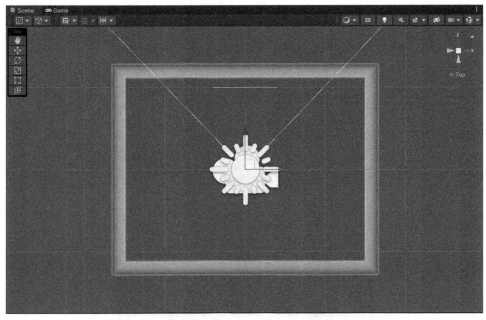

图 13-25　场景俯视效果

　　重新显示 Plane 对象。单击 Play 按钮,运行当前场景。由于是在导入 SteamVR 之后首次运行,系统会弹出"[SteamVR]"对话框,提示用户还没有为 SteamVR 的输入生成动作,是否需要打开"SteamVR Input"窗口,如图 13-26 所示,单击"Yes"即可。

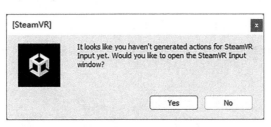

图 13-26　[SteamVR]对话框

　　接着会继续提示项目中缺少一个 actions.json,是否使用示例文件 actions.json 为动作与按键绑定的配置文件,此处同样单击"Yes"即可,如图 13-27 所示。

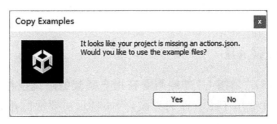

图 13-27　"Copy Examples"对话框

然后，Unity 会自动打开"SteamVR Input"面板。如果当前场景没有保存，系统还会弹出"Scene(s) Have Been Modified"提示框，单击默认的"Save"按钮选项即可。SteamVR Input 面板如图 13-28 所示，其中已经设置好了默认参数，单击"Save and generate"按钮即可。

图 13-28　SteamVR Input 面板

佩戴好 Vive 头显，打开 Vive 手柄，可以在头显中看到当前已经实现了 VR 视图效果，即设置好了基本的 VR 环境，如图 13-29 所示。

图 13-29　VR 环境运行效果

13.4.2　制作护目镜 UI

如前所述，"护目镜 UI"是指 UI 如同附着在用户佩戴的眼镜镜片上，会跟随用户的头部转动一起移动。这种 UI 适用于工具性的界面，例如显示需要提醒用户高度注意的信息、游戏的操作提示等。

在 Hierarchy 面板中，展开[CameraRig]对象，其中包含三个子对象：Controller(left)、

Controller(right)、Camera。将 Canvas 预制体拖至其中的 Camera 上，成为其子对象。当前 Hierarchy 面板如图 13-30 所示。

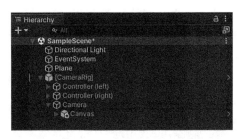

图 13-30　Hierarchy 面板中的游戏对象

由于当前 Canvas 相对于 Camera 位置过高，因此将其 Pos Y 调整为 -0.1，使用户佩戴 VR 头显时，Canvas 位于视野的正前方。运行场景，可以看到无论如何转动头部，此画布都会一直跟随着 VR 视野，如图 13-31 所示。

图 13-31　画布跟随 VR 视野

护目镜 UI 虽然能够起到强调提示信息的作用，但也可能破坏用户在 VR 体验中的沉浸感。因此，如果需要使用此类型 UI，也可以仅仅保留文字或图标等必要信息。本例中，可以将画布底色隐藏。选中 Image，在 Inspector 面板中单击首行"Image"旁边的方框，取消选中，即将此对象暂时隐藏。运行场景，效果如图 13-32 所示。这也是在实际 VR 应用中较为常见的一种 UI 类型。

图 13-32　隐藏 Image 背景

13.4.3　制作挡风玻璃 UI

挡风玻璃 UI 形象的表现了 UI 和 VR 用户、VR 空间之间的相对关系。可以把 VR 用户想象成为正在驾驶汽车的司机,挡风玻璃始终是位于用户的座位前方,虽然用户向左或向右扭头时,挡风玻璃不会跟着转动,但它与用户之间的相对位置始终是不变的,尽管两者在世界空间的坐标是在向前移动。下面介绍挡风玻璃 UI 的制作方法。

连同 Canvas 一起,删除之前场景中的[CameraRig]对象。将 SteamVR Plugin 中的预制体 Player 拖至 Hierarchy 面板中,使其位置归为默认参数。将 Canvas 预制体拖至 Player 子对象 SteamVRObjects 之上,成为其子对象。当前 Hierarchy 面板如图 13-33 所示。

图 13-33　Hierarchy 面板中的层级关系

将 SteamVR Plugin 中的预制体 Teleporting 拖至 Hierarchy 面板中。在当前场景中新建一个 Plane,重命名为"TeleportPlane",设置其位置为稍高于原地面,如设置 Position Y 为 0.1。在 Inspector 面板中,搜索并为其添加"Teleport Area"脚本组件,以实现 VR 场景的瞬移(位置传送)功能。运行当前场景,对着想要到达的位置按下 TouchPad 键,手柄会发出曲线射线,同时地面上会出现高亮光圈,松开 TouchPad 键即可瞬移到当前位置,如图 13-34 所示。关于 Player、Teleporting 组件,后文将会进一步介绍。

图 13-34　用 SteamVR 实现瞬移

保存当前场景,运行查看效果。可以看到,UI 画布的初始位置就在用户前方;当用户看向四周其他方向时,画布仿佛保持位置静止。但当用户按下 VR 手柄上的 TouchPad 键进行瞬移时,画布也同样发生了瞬移,并且与用户之间的相对位置不变。至此,完成了挡风玻璃 UI 的基本制作流程。

本章小结

本章主要讲解 VR 中的世界坐标系 UI。首先,介绍了 VR 中的 UI 概念及相关示例。其次,讲解了 VR 中 UI 的设计原则,以便为初学者提供 VR UI 的基本设计方法和建议。然后,详细讲解了 Unity 中的 Canvas 系统及使用方法,包括其 UI 子对象。最后,演示并讲解了运用 SteamVR Plugin 设置 VR 环境、实现护目镜 UI、挡风玻璃 UI 的方法。

思考题与练习题

1. 请列举 VR 中至少三种 UI 类型,并结合实际应用场景进行简要解释。

2. 请列举并分别解释 Unity 中 Canvas 的渲染模式。

3. 请运用之前所介绍的 C♯ 编程知识,结合本章所学内容,编写脚本,实现让挡风玻璃 UI 在一定时长(譬如 10 s)后自动移除的效果。

第 14 章　VR 综合项目:展厅漫游体验

本章重点

- VR 艺术展厅的需求分析与整体设计;
- 在 Unity 中搭建 VR 展厅;
- 制作摄影展品模型及射灯效果;
- SteamVR 中的 Player 预制体;
- 编写 C♯脚本制作展品的 UI 交互效果;
- 将 VR 项目打包为可执行文件。

本章难点

- 搭建 VR 展厅;
- 制作展品模型及射灯效果;
- SteamVR 中的 Player 预制体;
- 编写 C♯脚本制作展品的 UI 交互效果。

本章学时数

- 建议 4 学时。

学习本章目的和要求

- 了解 VR 展厅漫游体验项目的设计与开发流程;
- 掌握在 Unity 中搭建 VR 场景的方法;
- 掌握制作摄影展品模型及射灯效果的方法与步骤;
- 理解并掌握 SteamVR 中的 Player 预制体及其主要功能实现;
- 掌握编写 C♯脚本制作 UI 交互效果的方法;
- 掌握将 VR 项目打包为可执行文件的方法。

14.1　设计和搭建 VR 艺术展厅

设计和搭建 VR
艺术展厅

14.1.1　项目背景

　　随着 VR 技术的发展、元宇宙概念及产业的爆发,基于 VR 的虚拟仿真体验越来越多。VR 技术的沉浸感和交互性,让人足不出户就能进行如临其境的多种体验,如 VR 旅游、VR 观展。其中,"VR+艺术展"是一种既具有实用性、又具有价值的 VR 应用方式,能让人们戴上 VR 眼镜就能瞬间"穿越"到博物馆、画廊、画展等场景,享受艺术体验和熏陶。虽然早在多年前，就有基于网页端的展览，但相比之下，VR 观展显然能够带给用户更加身临其境的体验。近年来较为具有代表性的 VR 艺术馆应用项目如《克莱默 VR 博物馆》（如图 14-1 所示）、《史密森尼美国艺术博物馆：无界》。

图 14-1　《克莱默 VR 博物馆》截图

还有一些 VR 艺术体验项目提供了更加丰富的方式，或是结合实体装置，或是在其中融入叙事情节。前者如中国国家博物馆展出的《心灵的畅想：梵高艺术沉浸式体验》，其中有沉浸式投影装置、梵高作品主题的 VR 体验等。再如南京德基美术馆"金陵图数字艺术展"（如图 14-2 所示）、《蒙娜丽莎：越界视野》（*Mona Lisa：Beyond The Glass*）等。

图 14-2　金陵图数字艺术展

本章将在之前介绍的知识基础之上，讲解一个综合实例：VR 展厅漫游体验。制作过程主要包括：设计和搭建 VR 展厅；制作照片画框部件；实现空间漫游。

14.1.2　设计 VR 摄影展厅

与其他的艺术展厅相比，摄影展厅通常采用比较简洁的风格。在布置展厅时需要特别注意两点：一是空间布局。空间布局可能会直接影响观众的观展心情和审美意境。例如，一些展厅在入口处会有类似于屏风的设计，一方面是给参展作品的出现方式增加一些神秘感，另一方面也符合建筑美学的一种风格。艺术展厅通常都会有一个空旷的布局,既能营造更加开阔、舒适的审美感受,也有助于让观众人群不至于太拥挤,如图 14-3 所示。二是灯光颜色。在艺术展厅中,灯光和整体的颜色搭配很重要,既要突出展品的内容、吸引观众,也要注意不能喧宾夺主,以免让观众不适。通常柔和的、中性或暖色调使用范围较为广泛。图 14-3 符合上述要点。

图 14-3　伦敦的"摄影师画廊"

（图源：Visit London 网站）

　　除了空间和灯光的布置之外,参展路线的设计、提供休息区等因素也很重要。合理规划展厅的流动走线,既能引导参观者可以朝着一个方向不必重走路线就能参观完展品,也避免让参观人群太拥挤而影响观展体验。因此,参展路线也与展厅的布局设计密切相关。此外,还应适当提供休息区。例如当展馆或展厅的面积很大时,可以在观展路线的中部和尾部分别设置休息区或椅凳,从而提升整个展厅的体验品质,如图 14-4 所示。

图 14-4　"摄影师画廊"的休息区

（图源：Tripadvisor 网站）

　　基于这些设计原则,本项目中的 VR 摄影展厅采取简洁的风格,其 3D 模型主要由墙壁、地板、天花板、长椅组成,建筑平面图如图 14-5 所示。

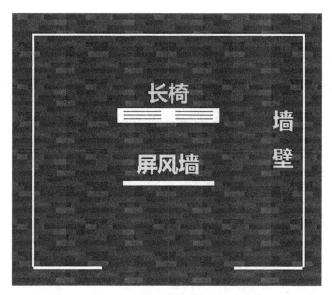

图 14-5　VR 摄影展厅平面图

14.1.3　在 Unity 中搭建 VR 展厅

在 Unity 中搭建场景,通常需要使用 3D 模型。3D 模型的来源可以有多种方法实现:一是使用 3D 制作软件预先制作好模型,如 Maya、3Ds Max、Blender 等;二是在 Unity 中直接创建,可以使用基本的几何体如 Cube、Sphere 进行搭建,或借助于 Unity 的插件如 Pro-Buider 能够实现更复杂的建模需求;三是从 Asset Store 或外部模型资源网站进行下载,但需要注意商业版权等知识产权保护的相关声明,应当合理合法的使用。

本例中由于重点在于 VR 部分的制作,所以采取较为简单的方式,即直接在 Unity 中创建模型。

1. 创建地面和墙体

首先新建一个 Unity 3D 项目,本例使用的版本是 Unity 2021.3.5。在场景中新建一个 Plane,重命名为"Ground",作为展厅的地面。设置其 Scale 为:X＝1.5,Y＝1,Z＝1.5。

导入贴图素材"floor.jpg",拖至 Ground 上。在 Inspector 面板中,调整材质 Floor 的 Tiling 值为:X＝5,Y＝5,以改变木地板的大小。

在场景中新建一个 Cube,调整其大小和位置。此处不需提供精确数值,读者朋友可以根据自己的需求自由发挥,只要整体效果合理即可。新建一个米黄色的材质球"Yellow",添加到墙体上。此时,Cube 的大小和位置如图 14-6 所示。

选中 Cube 对象,按 Ctrl＋D,将其复制出五个副本,分别调整位置、角度,形成展厅的另外四面外墙和屏风墙,俯视图和透视图效果分别如图 14-7、图 14-8 所示。

将表示屏风墙的 Cube 对象更名为"Welcome"。在当前场景中新建一个 Empty Object,重命名为"Walls",将外墙和屏风墙对应的 Cube 对象全部拖至 Walls 对象上,成为其子对象。这样做的好处是让 Hierarchy 面板内的组织结构更加整洁。

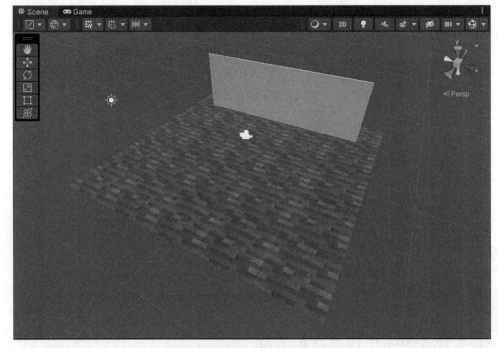

图 14-6　展厅墙体制作效果

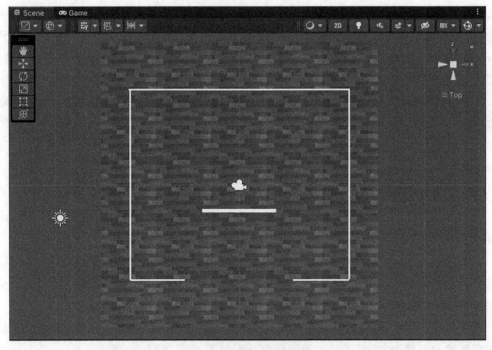

图 14-7　展厅墙壁俯视图

接下来可以创建展厅的天花板,同样是借助于 Cube 制作。创建一个 Cube,重命名为"Top",调整大小和位置,使其位于展厅外墙上方,如图 14-9 所示。

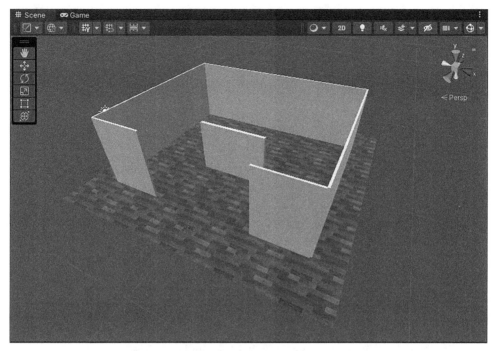

图 14-8　展厅墙壁透视图

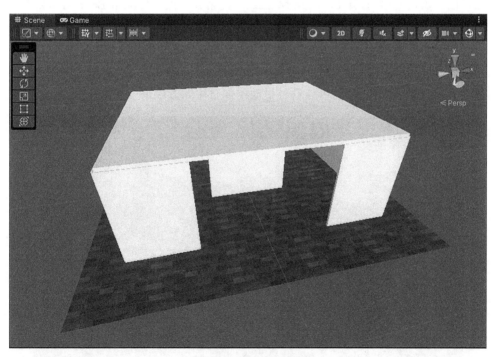

图 14-9　展厅外观透视图

2. 添加长凳模型

接下来添加休息区的长凳。为了简化步骤，这里使用 Asset Store 中的资源。在 Unity

中选择【Window】|【Asset Store】菜单,会在浏览器中自动打开 Unity 资源商店的网站,搜索"Modern Bench Pack"免费资源,将其添加到个人资源。此资源包提供了多种长凳的模型和材质,如图 14-10 所示。

图 14-10　Asset Store 中的"Modern Bench Pack"

然后回到 Unity 中,打开 Package Manager,搜索并下载"Modern Bench Pack"资源,导入到当前项目。为了方便摆设长凳的位置,可以暂时隐藏"Top"对象。搜索此资源包中的"Bench_1"预制体,拖拽至 Hierarchy 面板中,调整其在场景中的位置,本例中可以将其放在屏风墙的后方,俯视图可以参考图 14-5,透视图如图 14-11 所示。注意:如果资源包导入后,预制体上出现材质丢失的情况,可以通过手动添加材质等方法进行修正。

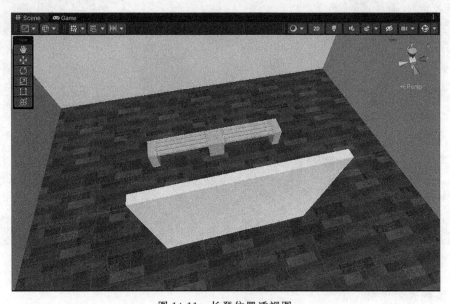

图 14-11　长凳位置透视图

3. 布置环境光

当前场景中有一个默认光源，即 Directional Light，将其拖至展厅内部，调整位置和方向，使得室内光线适当提升。也可根据实际需要酌情增加 Directional Light 对象，总之让光线效果亮度适宜并分布均匀。本例添加光源的位置如图 14-12 所示。

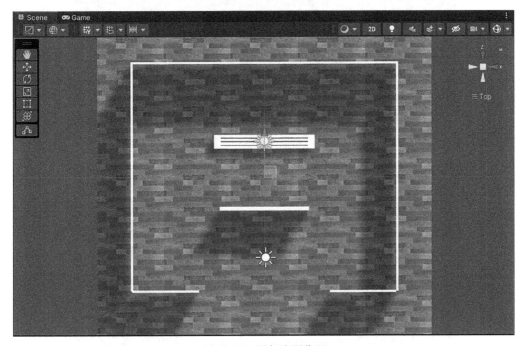

图 14-12　添加光源位置

14.2　制作摄影展品

制作摄影展品

接下来是制作 VR 展厅中的摄影展品模型。由于展出的是照片，因此不需要使用带有复杂雕刻花纹的油画画框等模型、材质，用现代风格的简洁相框即可。本例中，将每幅摄影照片作为一个预制体处理和使用，其中包括相框、照片、灯光、展品介绍等子对象。然后，将照片预制件放在画廊墙壁上的合适位置。之后可以重复使用此预制件，放置在不同的位置，根据需要调整大小等参数即可。以下是制作步骤。

14.2.1　制作相框

首先，在 Hierarchy 面板中创建一个空对象，命名为"Photography"。选中此对象，单击右键，选择【Game Object】|【3D Object】|【Cube】，命名为 Frame。调整 Frame 的 Scale，设置 Z=0.1，设置 4∶3 的宽高比，此处 X=1.2，Y=0.8。进一步调整 Frame 的位置，将其拖至屏风墙正对着出入口的位置，如图 14-13 所示。

调整 Frame 在屏风墙上 X、Y 方向的位置，效果如图 14-14 所示。

图 14-13　相框的大小和位置俯视图

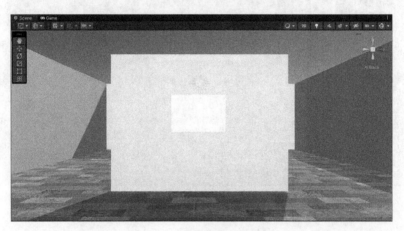

图 14-14　相框位置的透视图

　　新建一个材质球，设置颜色为棕色，将其拖至 Frame 上，改变相框的颜色。在 Hierarchy 面板中选中 Frame，单击右键，选择【3D Object】|【Quad】，命名为"Photo"，将其移至 Frame 的前方使其显示，就像是相框上的照片位置，如图 14-15 所示。

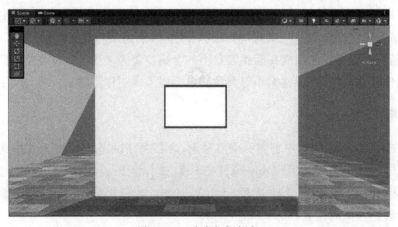

图 14-15　改变相框颜色

14.2.2　制作射灯效果

在博物馆、画廊等展馆中通常会在每幅画作上采用射灯照明，如图 14-16 所示，主要是为了突出展品、起到聚焦的效果，同时也要注意亮度、色相等色调因素，以免改变原作的颜色，以及避免长时间照射对作品的质地产生损坏。

图 14-16　英国国家美术馆的展厅射灯效果

（图源：National Gallery 网站）

本例中也对每幅摄影作品制作射灯灯光效果。选中 Photography 对象，单击右键，选择【Light】|【SpotLight】，新建一个点光源，将它放在画框的前上方，高度在天花板向下一点，调整角度，使其照射到相框上。侧视正交视图如图 14-17 所示。

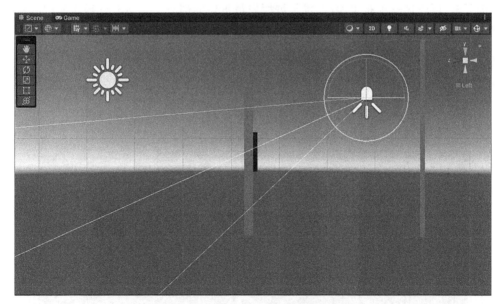

图 14-17　点光源的侧视图

由于当前环境光较亮，因此可以先根据实际效果隐藏一个 Directional Light。调整点光源的范围和强度，设置 Spot Angle 为 38，Intensity 为 0.8，效果如图 14-18 所示。

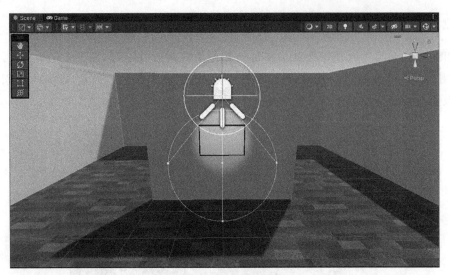

图 14-18　点光源的透视图

由于点光源的光线会穿过墙壁，照亮另一侧的地板，为了避免如此，选中 Spot Light，在 Inspector 面板中设置其 Shadow Type 为 Soft Shadows。

在 Project 面板中新建"Prefabs"文件夹，从 Hierarchy 面板中选中 Photography，拖至其中，成为预制体，方便后续复制使用。

14.2.3　在展厅中放置照片

接下来，可以进一步布置展厅，也是展厅中最重要的部分——所有摄影作品的陈列。本例中，设计让照片均匀地摆放在展厅中，照片的数量和位置如图 14-19 所示。

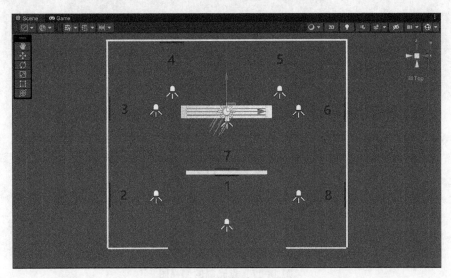

图 14-19　照片的数量和位置

图 14-19 中，为照片标出了序号，这也是相当于设计一个观展计划路线。假设观众按照片的序号观看，是一种比较合理的观展路线。

下面在场景中摆放相框。将预制体 Photography 拖至 Hierarchy 面板中，通过调整 Position 参数，将它调整到照片 2 的位置，高度保持和照片 1 相同，如图 14-20 所示。

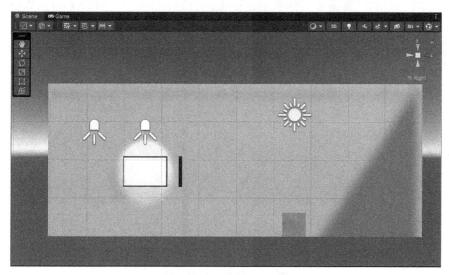

图 14-20　添加 Photography 预制体

用同样的方法添加其他画框到图 14-19 中标示的位置，此处不再赘述。

接下来，向相框中添加照片。本例素材全部来源于作者在生活中拍摄的北京风景名胜的照片，已经按照摆放位置以照片序号命名。在 Project 面板中新建 Photos 文件夹，将照片素材全部导入其中。选择照片"1.JPG"，拖至位置 1 的 Photography 的子对象 Photo 上，成为其材质。如果觉得亮度较暗，可以先显示之前隐藏的 Directional Light，再酌情调整预制体 Photography 中 Spot Light 的参数，这里设置参数为：Range＝7，Spot Angle＝38，Intensity＝1.2。效果如图 14-21 所示。

图 14-21　向相框中添加照片

用同样的方法，将其他照片分别按顺序添加到相框上。展厅效果如图 14-22 所示。

图 14-22　展厅内部效果

14.3　设置 VR 环境和基本功能

设置 VR 环境和
基本功能

整体的场景已经搭建好了，下面为项目设置 VR 环境，以及实现基本的瞬移功能。本例中，主要借助于 SteamVR 插件来完成 VR 交互模块的功能。

14.3.1　使用 SteamVR 设置 VR 环境

首先，按照第 11 章中介绍的方法，将 SteamVR Plugin 导入到当前项目中。然后，在 Project 面板中定位到 Assets ＞ SteamVR ＞ InteractionSystem ＞ Core ＞ Prefabs，此文件夹中是 SteamVR 交互系统中的一些核心预制体，能够帮助用户快速进行 VR 的交互开发。选择其中的"Player.prefab"，拖至 Hierarchy 面板中。下一节将对此预制体进行讲解。

删除场景中原有的 Main Camera。单击"Play"按钮，运行当前场景。如果是初次运行，则会弹出"[SteamVR]"对话框，提示用户还没有为 SteamVR 的输入生成动作，是否需要打开"SteamVR Input"窗口。单击"Yes"即可。

接着会弹出"Copy Examples"对话框，提示项目中缺少一个 actions.json，是否使用示例文件 actions.json 为动作与按键绑定的配置文件，同样单击"Yes"即可。

然后，Unity 自动打开"SteamVR Input"面板，单击"Save and generate"按钮即可。

佩戴好 Vive 头显，打开 VIVE 手柄，可以在头显中看到当前已经实现了 VR 视图效果，即设置好了基本的 VR 环境，如图 14-23 所示。

图 14-23　佩戴 Vive 头显的测试效果

14.3.2　SteamVR 的 Player 预制体介绍

Player 预制体是 Interaction System 的核心组件，能够创建 VR 玩家角色。在 Hierarchy 面板中，展开 Player 预制体，查看其中的子对象，如图 14-24 所示。

下面简要介绍其中主要子对象的含义和作用：

（1）LeftHand：对应左手手柄控制器，其中包含以下子对象。

- HoverPoint：手柄控制器与其他对象的接触点。
- ObjectAttachmentPoint：游戏对象的吸附点。
- ControllerHoverHighlight：能够实现手柄控制器高亮的效果。

图 14-24　Player 预制体的组成

- ControllerButtonHints：能够显示手柄按键上的提示。

（2）RightHand：对应右手手柄控制器，其子对象功能与 LeftHand 中的相同。

（3）VRCamera：VR 相机，实现 VR 视图。

（4）FollowHead：表示 VR 玩家的头部，带有 HeadCollider 子对象，可用于检测头部碰撞。FollowHead 中包含 Audio Listener 组件。

（5）InputModule：基于 Unity 事件机制自行实现的交互系统，例如 VR 手柄与游戏对象、UI 元素的交互，都与之相关。

（6）DebugUI：调试模式。

（7）Snap Turn：实现 VR 玩家原地转身的功能，可以按下 Pad 键左右移动。

在 LeftHand、RightHand 上分别挂载了 Hand 脚本组件，这也是非常重要的组件，如图 14-25 所示。

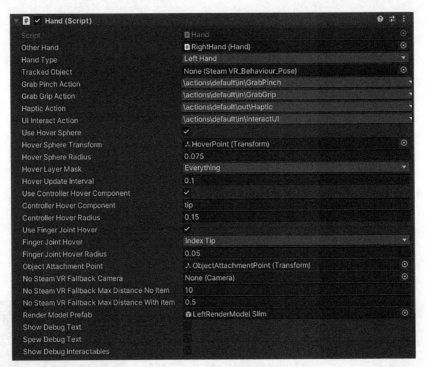

图 14-25　Hand 脚本组件

下面简要介绍其中的主要选项。

Other Hand：表示"另一只手"，LeftHand 中的默认选项为 RightHand(Hand)。

Hand Type：表示当前手的类型，默认为 Left Hand。

Grab Pinch Action：指定抓取动作对应的按键。Grab Grip Action、Haptic Action、UI Interact Action 选项的作用与此类似，分别指定各个动作的对应按键。

Hover Sphere Radius：设置手柄悬停的检测范围。

Hover Layer Mask：指定能够检测到的对象层级。

Render Model Prefab：指定用于替代手柄控制器的 3D 模型。

14.3.3　实现 VR 中的移动

Player 在场景中的位置决定了 VR 用户进入 VR 应用后的初始位置。本例中希望 VR 用户从展厅出入口处开始体验，所以将 Player 的位置移动到出入口处。注意，由于 Player 的高度几乎等同于人类的普遍高度，其 Position Y 轴的值可以理解为玩家在 VR 世界中站立地面的高度，由于要保持虚拟世界和真实世界的一致性，因此设置 Position Y 为 0。Player 的位置如图 14-26 所示。

在 SteamVR 中，可以借助于 Teleporting 预制体快速实现 VR 场景中的瞬移功能。在 Project 面板中，搜索"Teleporting"关键字，或直接定位到 Assets ＞ SteamVR ＞ InteractionSystem ＞ Teleport ＞ Prefabs，将"Teleporting"预制体拖至 Hierarchy 面板中，无须调整其位置。

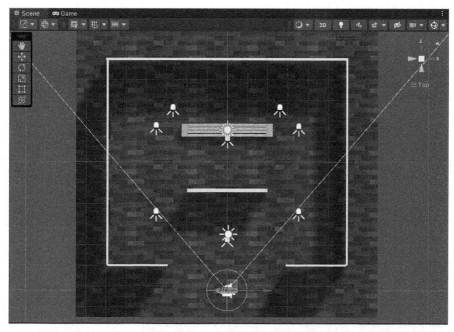

图 14-26　Player 的位置设置

　　VR 场景中的瞬移（位置传送）方式主要有两种：一种是在某个大范围内都可以自由移动，使用"Teleport Area"脚本组件实现；另一种是设置好固定的目标位置，使用"Teleport Point"组件实现。本例中使用 Teleport Area 的瞬移方式。

　　在当前场景中，新建一个 Plane，在其 Inspector 面板中，单击"Add Component"按钮，搜索脚本组件"Teleport Area"，将其添加到这个新建的 Plane 对象上。可以看到 Plane 上附加了红色高亮的线框，表示支持位置传送的区域，如图 14-27 所示。

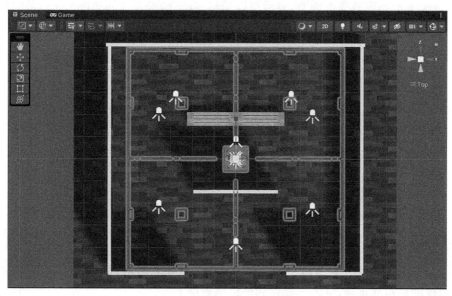

图 14-27　支持位置传送的区域

由于当前的默认传送区域比展馆的实际内部面积要小，因此需要调整其大小。选择缩放工具，调整新 Plane 的 Scale X、Y 的大小，使其刚好位于展厅内部，如图 14-28 所示。再选择移动工具，将 Plane 稍向上提一些，使其略高于原先的地面"Ground"对象，例如设置 Position Y＝0.07。

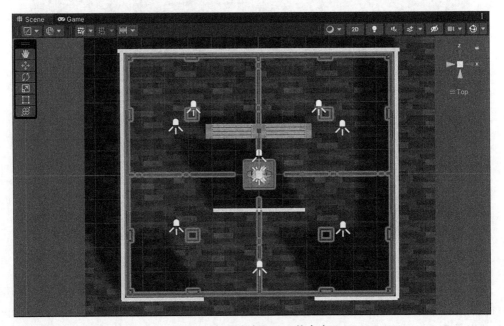

图 14-28　调整新 Plane 的大小

将天花板"Top"对象重新显示出来，保存当前场景，单击"Play"按钮运行测试。佩戴 VR 头显，并打开手柄。对准想要瞬移到达的位置，按下 TouchPad 键，手柄即会发出曲线射线，同时地面上会出现高亮的圆圈，表示可以瞬移到此处，松开 TouchPad 键即可实现瞬移，如图 14-29 所示。

图 14-29　Teleporting 位置传送效果

Teleporting 组件会自动实现屏蔽墙壁的功能，例如对着屏风墙按下 TouchPad 键，墙面上会出现红色高亮提示，并不会瞬移到墙后的地面上。

14.4　添加展品的 UI 交互

添加展品的
UI 交互

在博物馆、画廊等艺术展厅中，每件展品旁边都会有关于它的介绍标签，以便让观众详细了解展品的历史、作者、故事等。本例中将介绍如何在 VR 展厅中为摄影作品添加 UI 形式的文字简介，以及如何使用手柄与简介 UI 进行交互。

14.4.1　创建作品简介 UI

在 Hierarchy 面板中新建一个空对象，重命名为"Introduction"。在 Inspector 面板中，单击 Transform 最右边的按钮，在弹出菜单中选择"Reset"，使其位置归零，如图 14-30 所示。

选中"Introduction"对象，单击右键，选择【UI】|【Panel】，此时创建了一个 Panel，并自动生成其父对象 Canvas。选中 Canvas，在 Inspector 面板中将其 Render Mode 更改为"World Space"，使其适用于 VR 场景。单击 Rect Transform 最右边的按钮，在弹出菜单中选择"Reset"，使其位置归零。

选中"Introduction"对象，调整大小和位置，使其适合于展厅内摄影作品的大小。将其 Scale 等比例缩放为 0.01。然后调整其位置，使其位于第一幅照片的右侧，如图 14-30 所示。

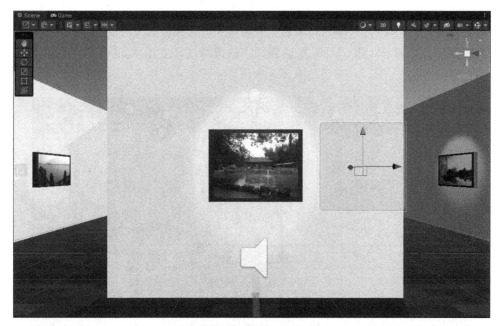

图 14-30　调整 Canvas 的位置

接下来向 UI 上添加文字。选中 Panel，单击右键，选择【UI】|【Legacy】|【Text】，创建一个 Text(Legacy)，重命名为"Title"。同样的方法再创建一个 Text，重命名为"Content"。调整文本框的位置，如图 14-31 所示。

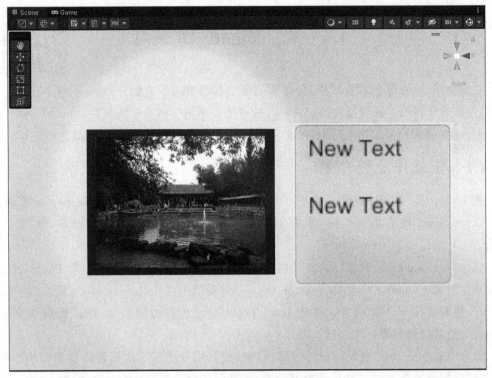

图 14-31　文本框的位置

　　由于当前文字看起来很模糊，因此选中 Canvas，在 Inspector 面板中调整 Canvas Scaler 组件下的 Dynamic Pixels Per Unit 为 5，将文字的清晰度调整正常，选项和调整后的效果如图 14-32 所示。

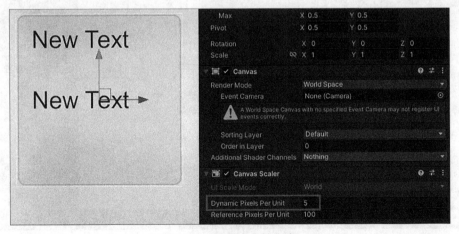

图 14-32　调整文字清晰度

　　选中"Title"对象，在 Inspector 面板中，将 Text 组件下的 Text 内容编辑为"恭王府"，设置 Font Size 为 8，Color 为纯黑色。然后调整当前文本框在 Canvas 的位置和大小和对齐方式，效果如图 14-33 所示。

图 14-33　设置文本框大小和对齐方式

复制"Title",重命名为"EngTitle",将文本框内容编辑为"Prince Gong's Palace",调整文字大小,在 Inspector 面板中设置 Font Size 为 5。

选中"Content"对象,将文本框内容编辑为摄影作品中景点的简介,此处参考"恭王府及花园_百度百科",在 Text 编辑框中输入以下文字:

恭王府及花园,位于北京市西城区前海西街 17 号,为清代规模最大的一座王府,曾先后作为和珅、永璘的宅邸。清咸丰元年(1851 年)恭亲王奕䜣成为宅子的主人,恭王府的名称也因此得来。恭王府占地约 6 万平方米,拥有各式建筑群落 30 多处。其花园位于恭王府后,又名萃锦园,建于清乾隆四十二年(1777 年),据考证是在明代旧园上重新修建。全园占地面积 2.8 万平方米。

由于见证了清王朝的历史进程,因此有"一座恭王府,半部清代史"的说法。1982 年,恭王府及花园被国务院公布为第二批国家重点文物保护单位。

根据实际显示效果,调整 Content 的文本参数,将 Font Size 设置为 4,Line Spacing 设置为 1.16,Color 设置为纯黑色。并且使用工具栏中的"Rect Tool"调整文本框的大小。整体效果如图 14-34 所示。

图 14-34　UI 整体效果

将 Introduction 对象拖至 Project 面板中的 Prefabs 文件夹,使其成为预制体。

14.4.2　制作 UI 交互效果

本例中，将每幅作品旁边都放置一个文字简介 UI。实际上，到这里项目就可以完成了。但是为了增加 VR 项目的互动性，本例中增加 UI 交互效果。关于 VR 中的 UI 交互，在第 13 章已经有了比较详细的介绍，此处不再赘述。在 VR 展馆类的应用中，作品简介的 UI 可以是固定在作品旁，也可以采用唤起方式。唤起方式主要有三种：第一种是通过手柄发出射线按下某个按钮，从而出现 UI；第二种是凝视触发，即用户在 VR 环境中注视 UI 达到一定时长后，显示 UI；第三种是满足某种条件的自动触发，例如用户与 UI 的距离小于一定数值时，即可自动显示 UI。本例中采用第三种 UI 交互方式。

这种 UI 交互方式的原理是：在程序初始运行时，UI 默认为不可见。在运行过程中，计算当前场景中 VR 玩家与 UI 之间的距离，当小于某个距离阈值（例如 3 m）时，显示 UI，反之 UI 隐藏。接下来按此原理编写脚本。

选中 Introduction 对象，在 Inspector 面板中单击"Add Component"，在搜索栏输入"ShowUI"，单击下方的"New script"，在 Introduction 上挂载一个名为"ShowUI"的脚本组件。

打开"ShowUI"脚本，编写代码。由于需要访问 Player 等属性，所以首先引入"Valve.VR.InteractionSystem"名称空间，在第 4 行添加代码：using Valve.VR.InteractionSystem。

然后在 ShowUI 的类体中定义字段，此处需要定义四个字段：可以在 Unity 编辑器中直接设置的距离阈值 Distance（float 类型）、表示 UI 的 canvas 对象 canvasUI（GameObject 类型）、VR 玩家 myplayer（Player 类型）、UI 的位置 UITransform（Transform 类型）。编写代码如图 14-35 所示。

接下来，编写 Start()方法，在其中添加以下代码，如图 14-36 所示。

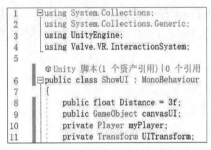

图 14-35　定义 ShowUI 的字段

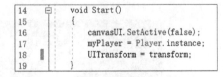

图 14-36　编写 Start()方法

在 Start()方法中，主要是进行初始化工作，例如将表示 UI 的 canvas 对象设置为默认不可见。

最后，编写 Update()方法。通过 if-else 语句判断 VR 玩家和 UI 之间的距离是否小于 Distance 设定的参数：如果是，则使用嵌套 if 语句进一步判断当前场景中是否没有显示此 UI，若没有，则显示 UI；如果否，则使用嵌套 if 语句进一步判断当前场景中是否已经显示了此 UI，若是，则隐藏 UI。代码如图 14-37 所示。

```
22      void Update()
23      {
24          float distance = Vector3.Distance(myPlayer.hmdTransform.position, UITransform.position);
25          if (distance < Distance)
26          {
27              if (!canvasUI.activeInHierarchy)
28                  canvasUI.SetActive(true);
29          }
30          else
31          {
32              if (canvasUI.activeInHierarchy)
33                  canvasUI.SetActive(false);
34          }
35
36      }
37  }
```

图 14-37　编写 Update()方法

使用嵌套 if 语句进行二次判断的好处是，避免对于 SetActive()方法的不必要的调用，从而优化程序代码。

保存脚本，在 Visual Studio 中单击"附加到 Unity"按钮，脚本正常运行，再单击"停止调试按钮"。回到 Unity 编辑器中，可以看到 ShowUI 脚本组件上出现了 Distance（初始值为 3）、Canvas UI 两个选项。从 Hierarchy 面板中将 Introduction 的子对象 Canvas 拖至"Canvas UI 选项"的插槽中，将其设定为目标 Canvas，如图 14-38 所示。

图 14-38　ShowUI 脚本组件

保存并运行当前场景，测试交互效果。可以看到，在初始时，UI 是隐藏的，如图 14-39 所示。使用 VIVE 手柄瞬移到 UI 前方一点，则 UI 自动显示。

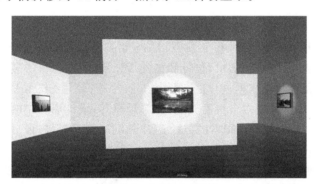

图 14-39　UI 默认隐藏

使用此方法制作其他位置的 UI 和交互效果。再次测试，项目能够成功运行，保存项目和场景。

14.5　将项目打包为可执行文件

将项目打包为
可执行文件

最后是将本项目打包成为可执行的.exe 文件。单击【File】|【Build Settings】，打开 Build Settings 对话框。单击"Add Open Scenes"，把"VRScene"添加到"Scenes In Build"列表框中，如图 14-40 所示。

图 14-40　添加 VRScene 场景

然后单击选择 Platform 列表框中的"Windows，Mac，Linux"选项，单击"Switch Platform"按钮，切换目标平台。

图 14-41　成功输出可执行文件

单击左下角的"Player Settings"按钮，打开 Project Settings 面板，在 Player 选项卡中，设置 Company Name 为自定义名称，如"NancyVR"；设置 Product Name 为"VRExhibition"。其他保持默认参数即可。回到 Build Settings 面板，单击右下角的"Build"，在"Build Windows"中设置好输出路径，Unity 即可将当前项目打包生成为".exe"可执行文件和"＊.dll"等配置文件。在连接好 HTC Vive 头显和手柄的情况下，双击"VRExhibition.exe"文件，即可以 VR 模式体验此项目，如图 14-41 所示。

本章小结

本章以 VR 摄影展厅为例，对基于 HTC Vive 系列头显的综合实例开发进行了详细讲解。其中知识点包括：分析项目需求，设计和搭建 VR 展厅；制作摄影展品，包括在 Unity 内使用自带游戏对象类型制作相框、射灯效果、加入照片等；使用 SteamVR 制作 VR 环境，包括手部的显示、与 VR 空间的六自由度交互、位置瞬移等；设计场景中的 UI，使用 Canvas 等对象制作展品说明 UI；编写 C♯脚本，实现与 UI 的动态交互效果；最后，将项目打包成可以在 VR 头显中体验的".exe"文件。

VR 展厅是目前既有实用意义、又有人文价值的一种 VR 应用，也受到 B 端、C 端消费者的欢迎。读者朋友们若有此类开发需求，即可以参考本例制作方法，也可在此基础之上进一步丰富视觉效果和交互功能，如展厅的外观设计、真实感渲染、UI 的交互方式等。

思考题与练习题

1. 请简述设计一个 VR 展厅需要的游戏对象和功能模块。

2. 请阐述 SteamVR 支持的位置传送包括几种方式，分别适合于什么样的应用场景。

3. 参考本章的项目实例，自定义主题和场景风格，设计其中的交互点、交互方式，开发一个 VR 艺术展厅漫游体验。

参 考 文 献

[1] 马遥,沈琰.Unity 3D 脚本编程与游戏开发[M].北京:人民邮电出版社,2021:20-25.

[2] 王楠.深度沉浸阈 VR 电影叙事:事件·场境·异我[M].北京:北京邮电大学出版社,2021:73-76.

[3] [美]乔纳森·林诺维斯.Unity 虚拟现实开发实战(原书第 2 版)[M].易宗超,等译.北京:机械工业出版社,2020:113—115,198-200.

[4] [美]乔纳森·林诺维斯.增强现实开发者实战指南[M].古鉴,董欣,译.北京:机械工业出版社,2019:14-16.

[5] 邵伟,李晔.Unity VR 虚拟现实完全自学教程[M].北京:电子工业出版社,2019:81.

[6] 喻晓和.虚拟现实技术基础教程[M].北京:清华大学出版社,2016:3.